Sachot (O.)

Curiosités Zoologiques

3ᵉ éd

1883

CURIOSITÉS

ZOOLOGIQUES

DU MÊME AUTEUR

A LA MÊME LIBRAIRIE

———

(Série adoptée par la Commission ministérielle des Bibliothèques scolaires et populaires, et par la Commission municipale des livres de prix de la Ville de Paris.)

———

Les grandes cités de l'ouest américain. 1 vol. in-12, format anglais, orné de gravures. 5e édition.

Aventures, types et croquis. 1 vol. in-12, format anglais, orné de gravures. 2e édition.

Nègres et Papous. L'Afrique équatoriale et la Nouvelle-Guinée. 1 vol. in-12, format anglais, avec 2 cartes en couleurs. 3e édition.

La Sibérie orientale et l'Amérique russe. 1 vol. in-12, format anglais, avec nombreuses gravures dans le texte et hors texte. Nouvelle édition.

———

SOUS PRESSE

Les régions polaires et leurs habitants. 1 vol. in-12 format anglais, avec nombreuses gravures dans le texte et hors texte.

———

2760. — Abbeville. — Typ. et stér. A. Retaux.

OCTAVE SACHOT

CURIOSITÉS

ZOOLOGIQUES

Troisième édition ornée de Vignettes.

PARIS

P. DUCROCQ, LIBRAIRE-ÉDITEUR

55, RUE DE SEINE, 55

1883

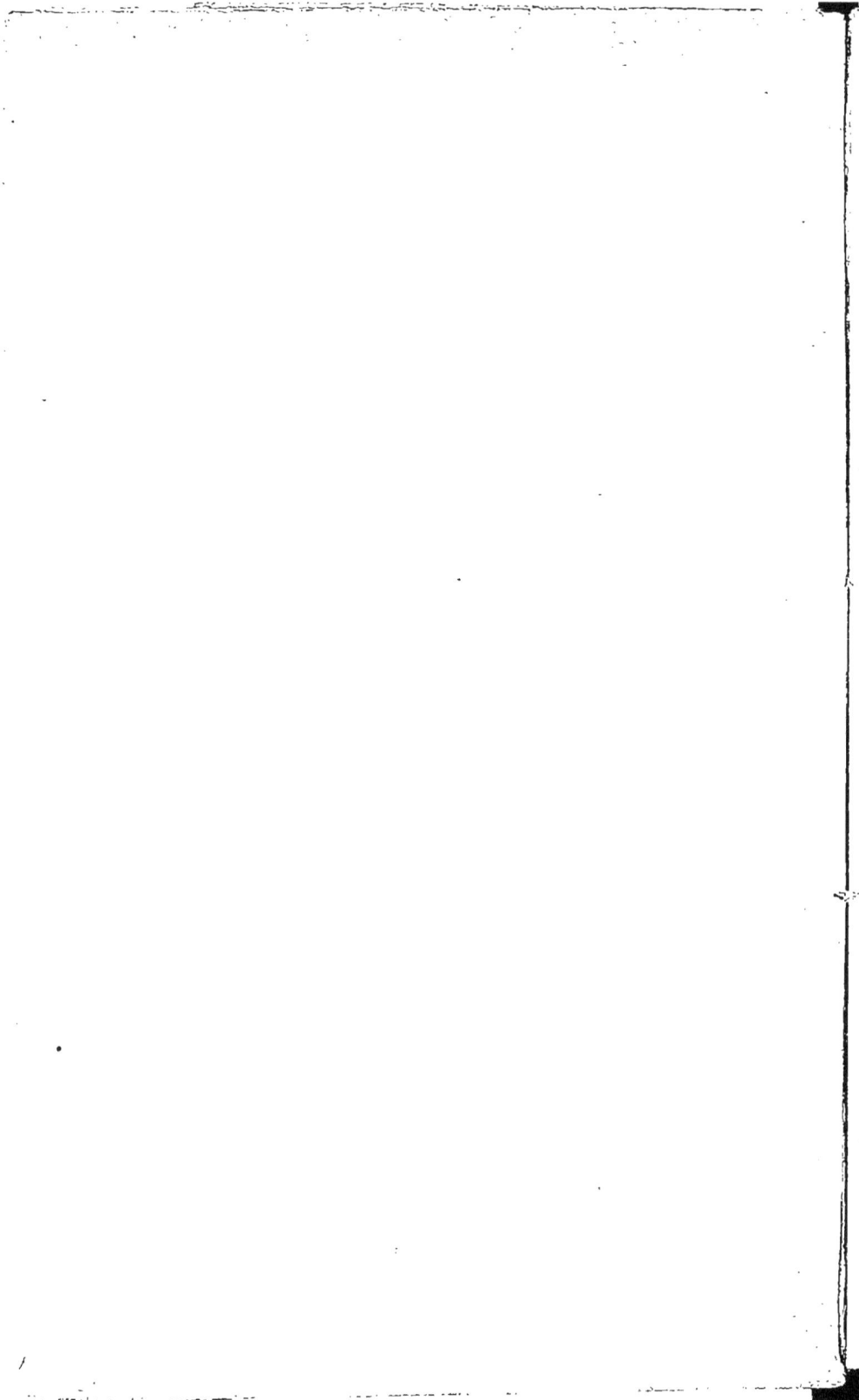

AVANT-PROPOS

DE LA PREMIÈRE ÉDITION

———

Les différents chapitres qui constituent le présent volume ont paru primitivement en articles détachés dans la Revue Britannique, pour laquelle nous les avions ou analysés ou librement traduits de publications périodiques anglaises en possession, de longue date, d'une notoriété méritée.

Certains remaniements toutefois nous ont paru nécessaires pour relier les diverses parties entre elles et donner à l'ensemble du travail le caractère d'unité relative que comportait notre plan.

Notre rôle est dépourvu de toute prétention ; le mérite de ce livre, si le lecteur lui en trouve, appartiendra avant tout aux écrits originaux que nous avons mis à contribution. Les sources où nous avons puisé ont été dès l'abord scrupuleusement indiquées par nous dans la Revue; quant aux auteurs, les nommer ne nous a pas toujours été possible; on sait, en effet, que les périodiques anglais taisent, en général, le nom de leurs collaborateurs, si éminents d'ailleurs qu'ils soient.

O. S.

CURIOSITÉS ZOOLOGIQUES

I

LE PHÉNIX. — L'ÉLÉPHANT. — LE RHINOCÉROS. L'HIPPOPOTAME.

Des quatre parties de l'ancien monde, l'Afrique est, par excellence, le pays des merveilles. Prenez une histoire vraie des voyages et découvertes par terre et par mer, jusqu'aux dernières explorations de Cameron, de Stanley, de Largeau, de Brazza, etc., où les *Mille et une Nuits* des conteurs arabes, est-il une contrée comme l'Afrique ? Ouvrez un volume d'histoire naturelle, le plus vieux si c'est possible, vous verrez les merveilles de l'Afrique éclipser toutes les autres. N'est-elle pas la patrie du phénix, qui ne se montrait aux citoyens d'Héliopolis qu'une fois tous les cinq cents ans, à la mort de son père ? Ce roi solitaire des airs, grand comme l'aigle, aux ailes de mille couleurs, reflétant surtout l'or et la pourpre, rapportait d'Arabie les restes révérés de l'auteur de ses jours, pour les déposer pieusement dans le tombeau de ses ancêtres, au temple du Soleil.

Voulez-vous savoir comment s'y prenait le phénix pour transporter par les airs son précieux fardeau? Hérodote vous dira qu'il commençait par fabriquer un gros œuf tout en myrrhe, assez léger cependant pour qu'il pût le porter; creusant ensuite cet œuf artificiel, il y renfermait le corps de son père, puis il remplissait de myrrhe les parties de l'œuf restées vides (ce qui ne changeait rien au poids primitif), après quoi il venait achever en Égypte la cérémonie funèbre.

Si vous voulez être édifié sur la mort du phénix, lisez les *Portraits d'oyseaux, animaux, serpents, herbes, arbres, hommes et femmes d'Arabie et d'É-gypte*, par Belon, du Mans. Vous y verrez le phénix, « selon que le vulgaire a coustume de le portraire, » sur son bûcher funéraire, affrontant de son regard le brûlant éclat du soleil, le tout illustré de ce poétique quatrain :

> O du phénix la divine excellence !
> Ayant vescu seul sept cent soixante ans,
> Il meurt dessus des ramées d'encens,
> Et de sa cendre un autre prend naissance.

Espérons pour le fils, que la version d'Hérodote est la vraie ; car, pour un oiseau surtout, transporter d'Arabie en Égypte les cendres d'un cadavre renfermées dans de la myrrhe, est tout autre chose que d'exécuter ce voyage en portant le cadavre lui-même.

D'autres prétendent que le phénix ne mourait jamais : seulement, quand l'outrage des ans se faisait trop sentir et que l'oiseau ne trouvait plus sa personne aussi agréable qu'aux beaux jours de sa jeunesse, il ramassait les bois de senteur les plus exquis de l'Arabie Heureuse et attendait patiemment que le feu du ciel, en venant allumer son bûcher parfumé, consumât ses vieilles dépouilles et lui rendit ses jeunes années.

Mais quels étaient, me direz-vous, les droits du phénix à une immortalité si agréable?

— Jamais le phénix n'avait becqueté le fruit défendu.

Écoutez cette autre merveille. Il est en Arabie, près de la ville de Buto, un endroit qu'on disait peuplé de serpents ailés. Hérodote y vit des monceaux énormes d'os de serpents ; il y en avait de toutes les tailles. Ce lieu est aujourd'hui un étroit passage entre deux montagnes s'ouvrant sur une vaste plaine qui touche à l'Égypte. On raconte, dit l'historien d'Halicarnasse, qu'au commencement du printemps des serpents ailés s'envolent de l'Arabie vers l'Égypte, mais que les ibis les attendent au passage, les combattent et les tuent. C'est pour ce service éminent que les ibis sont en si grande vénération chez les Égyptiens.

Le « serpent ailé » qui s'enfuit vers le mont Sinaï, décrit par Belon, faisait partie, sans doute, de cette horrible armée d'invasion.

1.

Quand on jette un coup d'œil sur la carte et qu'on voit l'immense étendue de territoire africain encore inconnu, même dans ce siècle d'explorations géographiques de tout genre, comment s'étonner que le roman se soit emparé de ces régions vastes et ignorées? La plupart des animaux que nous y connaissons sont de formes et de mœurs extraordinaires, témoin le gorille, cette nouvelle espèce de singe anthropoïde, plus affreux que tous les êtres fantastiques dus au crayon de Téniers ou de Callot. Examinez les proportions de la girafe avec sa langue flexible et sa singulière démarche, avançant à la fois ses deux jambes d'un même côté, de sorte que le pied droit de devant et le pied droit de derrière quittent le sol en même temps. Mais ne multiplions pas des exemples qui viendront d'eux-mêmes à l'esprit de nos lecteurs.

Il n'y a pas longtemps que les girafes sont devenues communes dans l'Europe moderne. Aujourd'hui, les principaux jardins zoologiques en possèdent tous. Dans quelques-uns elles ont multiplié régulièrement et avec succès; presque tous les petits ont vécu et profité. Trois autres grands animaux d'Afrique sont aussi devenus les hôtes habituels de ces sortes d'établissements : l'éléphant d'Afrique, l'hippopotame et le rhinocéros africain.

On conserve dans la précieuse collection zoologique du Musée Britannique trois espèces de rhinocéros d'Afrique : le rhinocéros *bicornis*, — le rhinocéros *keitloa* — et le rhinocéros *simus*. Quant au rhinocéros d'Asie (*rhinoceros indicus*), c'était une vieille connaissance pour les Londiniens ; le jardin de Regent's-Park en a hébergé un, durant cinquante ans, qui y jouissait d'une santé robuste. Une pneumonie gagnée dans les brouillards et l'atmosphère humide de ce sol argileux et malsain, qui enlève tant d'animaux à la collection, l'a ravi, il y a plusieurs années, à l'admiration des bonnes et des enfants. On découvrit à l'autopsie que l'animal s'était cassé une côte, sans doute en se jetant pesamment par terre pour se reposer, selon son étrange habitude. Il est probable que cette fracture lésa les poumons et que l'ankylose qui s'ensuivit, produisant une compression, accéléra les progrès de la maladie.

Pauvre rhinocéros ! il était au fond stupidement bon, il se laissait tirer par le nez ou par la corne, arme que, soit dit en passant, il tenait toujours abaissée et ne relevait jamais. On lui chatouillait les paupières, on fourrait les mains dans les plis de son épaisse cuirasse, où la peau était « aussi douce que celle d'une personne naturelle, » au dire des honnêtes badauds qui, à chaque instant, en faisaient l'expérience. Il vivait en bonne intelligence et tendre amitié avec le pauvre vieux Jack, l'éléphant des Indes, mort aussi maintenant, quoi qu'on ait dit de la violente antipathie qui divise ces deux puissants quadrupèdes. L'éléphant avait l'habitude amicale de frictionner le rhinocéros avec sa trompe et de lui donner de temps en temps quelques tapes avec sa queue sur les oreilles. Le rhinocéros alors faisait une grotesque cabriole, tournait en rond et serrait la trompe de l'éléphant entre ses lèvres énormes et flexibles. Il prenait un grand plaisir à aller dans le bassin qui lui servait de baignoire ainsi qu'à l'éléphant. On les lâchait alternativement dans l'enclos à ce destiné, et il y avait répétition de gambades à travers le grillage de fer quand l'éléphant s'avançait dans le grand enclos et que le rhinocéros était dans la petite cour qui précédait son logement.

Dans les premiers temps que le rhinocéros allait à l'eau, on remarquait une différence notable entre son encroûtée stupidité et la sagacité de l'éléphant. Le fond du bassin, qui est entouré d'un parapet élevé, baisse graduellement à partir de l'entrée jusqu'à l'extrémité opposée, où il est assez profond pour permettre à un éléphant de grande taille et de massives proportions, comme était le pauvre Jack, de submerger la totalité de son corps gigantesque. Rien n'était plus plaisant que de voir Jack goûter l'agréable fraîcheur d'une submersion complète, tantôt plongeant tout à fait sous l'eau sa tête immense, tantôt la relevant à la surface pour la replonger encore. Le rhinocéros entrait assez bien par la pente inclinée, et quand il perdait pied, il se mettait tranquillement à nager en ligne droite vers l'autre rive. Une fois là, cependant, il semblait avoir perdu l'idée d'un retour possible ; il plongeait et s'épuisait en vains efforts pour franchir le haut parapet à l'endroit le plus profond de l'eau. C'était un moment d'angoisse pour les témoins de cette lutte violente et

inutile, car il y avait à craindre que le rhinocéros ne
se noyât de lassitude et d'épuisement. A la fin, presque
exténué par ses inutiles efforts, on le faisait retourner
moitié de gré, moitié de force, et dès que sa tête se
trouvait du côté de l'entrée du bassin, il y nageait
jusqu'à ce qu'il trouvât pied et finissait par en sortir.

La puissance de ses muscles était prodigieuse. Les
grilles de l'enclos étaient renforcées de distance en
distance par de grands arcs-boutants de fer; il fourrait
parfois sa tête énorme entre l'arc-boutant et la grille,
et donnait de droite et de gauche de si violentes secousses qu'il venait à bout de jeter tout à bas. Il sortit
un jour ainsi de l'enclos, et sans causer d'autre dommage, il termina sa promenade par quelques pas cho-
régraphiques dans une plate-bande de géraniums écar-
lates. On peut se figurer l'état du parterre après cette
petite expédition. Il fut pris alors et ramené dans ses
appartements.

Il y avait en lui un certain air de tortue qui frappait
tout d'abord. La bizarre conformation de sa lèvre
supérieure, l'espèce de carapace que formait son cuir
épais, ses jambes, ses pieds massifs, tout contribuait
à faire naître, en le voyant, l'idée d'une énorme bête
à sang chaud créée sur le modèle d'une autre bête à
sang froid du genre tortue. Modèle perfectionné toutefois; car il était vif dans son allure, et lorsqu'on
l'excitait, son élan était terrible. Le bruit du cylindre,
quand les jardiniers roulaient les allées sablées bor-
dant l'endroit où on le laissait se promener en liberté,

avait sur lui un effet terrifiant qui l'excitait au plus haut point. Parfaitement calme au bout de l'enclos, dès qu'il entendait le bruit du cylindre en mouvement, il tournait, tournait, et courait sus tête baissée jusqu'à ce qu'il se trouvât arrêté par les forts barreaux de fer de l'enceinte, et les jardiniers, à la vue de ce paroxysme de rage, ne songeaient plus qu'à prendre la fuite.

Revenons maintenant aux deux autres pachydermes d'Afrique dont nous avons parlé plus haut, et jetons un regard rapide sur leurs mœurs et leur histoire.

Commençons par l'éléphant d'Afrique, — *elephas africanus*. Quoi qu'aient dit certains voyageurs de la stature énorme de cette espèce, l'opinion la plus générale est que l'éléphant d'Afrique est plus petit que celui d'Asie; ils diffèrent surtout entre eux par la tête, les oreilles et les ongles. Le premier a la tête ronde et le front convexe au lieu d'être concave : ses oreilles sont infiniment plus longues que chez l'espèce asiatique, et à chaque pied de derrière l'éléphant d'Afrique n'a que trois ongles, tandis que l'autre en a quatre.

Voici les dimensions que donne le major Denham d'un éléphant de vingt-cinq ans seulement, tué près de Bru à une quinzaine de kilomètres de Kouka :

	mètres.	centimètres.
Longueur de la trompe à la queue.	7	75
Trompe	2	28

	mètres.	centimètres.
Petites dents.	0	85
Pied, en longueur	0	47
OEil	0	05 sur 37 mil.
Du pied à la hanche	2	89
De la hanche au dos	0	91
Oreille.	0	05 sur 75 cent.

Mais le major dit avoir vu des éléphants vivants beaucoup plus grands que celui-là. Il ajoute qu'il aurait volontiers garanti la hauteur de quelques-uns à 4 mètres 90 centimètres, avec des défenses de près de 2 mètres de long. Cependant il reconnaît que l'éléphant dont nous venons de donner les proportions, le premier qu'il eût vu mort, surpassait de beaucoup la taille ordinaire.

On abattit ce malheureux animal en lui coupant le jarret. Il avait préalablement reçu un grand nombre de blessures dans le ventre et à la trompe. Pendant la chasse, cinq balles l'avaient frappé dans le flanc ; mais elles n'avaient pénétré que de quelques centimètres dans la chair et ne paraissaient pas l'incommoder beaucoup.

Tout le jour suivant, le chemin conduisant à l'endroit où gisait son cadavre ressemblait à une foire, par le nombre de gens qui s'y pressaient pour emporter un morceau de l'animal. Cette chair est fort appréciée, parait-il, même par les premiers du pays et les familiers du cheik, qui la mangent en secret. « Elle semble dure, dit le voyageur, mais elle a plus de saveur qu'aucun bœuf du pays. En pareille occasion des familles entières se mettent en route pour avoir part au butin. »

Voici, d'après le même officier, comment on chasse l'éléphant : dix à vingt cavaliers choisissent dans une troupe un de ces monstrueux animaux, et, le séparant du reste en l'effrayant par leurs cris, ils le forcent à fuir de toute sa vitesse. En le poursuivant, ils tâchent de lui enfoncer un trait sous la queue ; cette blessure rend l'éléphant furieux. Alors un cavalier se détache et court en avant de la bête, qui s'acharne après lui sans s'occuper de ceux qui la pressent par derrière et malgré les coups qu'elle en reçoit. L'éléphant n'abandonne presque jamais le premier objet de sa colère. A la fin, criblé de coups, exténué de fatigue, épuisé par le sang dont il arrose la terre, il finit par rendre le dernier soupir sous le couteau du chasseur le plus téméraire de la bande, qui le frappe à l'endroit vulnérable de son corps, près de l'abdomen. A cet effet, l'homme se glisse entre les jambes de derrière de l'animal, s'exposant ainsi aux plus grands dangers. Quand on ne peut pas employer ce moyen, un ou deux chasseurs lui coupent le jarret pendant que les autres l'attaquent de front, et ce géant des quadrupèdes devient la proie facile de ses persécuteurs.

Dans une de ses chasses à Kouka, le major Denham était à tirer des oiseaux, quand un des gens du cheik vint à toute bride l'informer que trois énormes éléphants passaient près de la rivière. Arrivé à quelques centaines de pas d'eux avec ses compagnons, le major fit faire halte à toutes les personnes à pied et à son domestique monté sur une mule ; puis, suivi de trois autres chasseurs, il piqua des deux vers les monstrueux animaux.

Les gens du cheik se mirent à pousser de grands cris, et bien que, de prime abord, les colosses eussent paru envisager la calvalcade d'un œil de profond mépris, cependant, après quelques instants, dressant leurs larges oreilles, qu'ils avaient jusque-là laissé pendre, ils partirent en poussant une espèce de rugissement qui fit trembler la terre sur les pas des cavaliers.

« L'un d'eux était immense, dit le major, il avait bien seize pieds de haut (4m, 80c) ; les deux autres étaient des femelles. Elles s'en allèrent assez tranquillement, tandis que le mâle restait à l'arrière-garde comme pour protéger leur retraite. Nous l'entourâmes rapidement. Maramy (l'un des guides du cheik), lui décocha un javelot qui l'atteignit juste sous la queue et parut lui faire à peu près autant de mal que quand nous nous piquons le doigt avec une épingle. L'effrayante bête releva sa trompe, et, l'agitant avec un grognement terrible, elle nous jeta une telle quantité de sable, que, ne m'y attendant nullement, j'en fus presque aveuglé. L'éléphant attaque rarement, si tant est qu'il attaque jamais, et il n'est dangereux que lorsqu'il est irrité. Parfois, cependant, il se jette sur l'homme et le cheval, et, après les avoir couverts de poussière, il les met en pièces en un clin d'œil. »

Séparé de ses compagnons, l'éléphant se dirigea vers le point où étaient restés la mule et les hommes à pied. Tous prirent aussitôt la fuite, et l'homme qui montait la mule, stupide bête qui n'en marchait pas plus vite, eut une telle frayeur qu'il en fut malade tout le jour. Le major et les autres cavaliers serraient l'éléphant de très près, par devant, par derrière, de chaque côté, et quelquefois, quand l'énorme animal tournait la tête, son regard furieux avait le don de paralyser instantanément l'élan rapide du cheval du major, Son allure, qui ne fut jamais qu'un trot assez pesant, suffisait néanmoins pour tenir les chevaux au galop. Le major Denham lui envoya deux balles. La seconde, qui l'atteignit à l'oreille, parut seule lui causer un moment de douleur. La première, qui l'avait touché au corps, ne lui fit pas la moindre impression. Après lui avoir lancé un second javelot qui glissa inoffensif sur son épaisse cuirasse, on le laissa poursuivre son chemin.

Bientôt après, on vint annoncer aux chasseurs que huit éléphants se dirigeaient de leur côté et n'étaient plus qu'à une faible distance. Tout le monde alors monta en selle pour les attaquer; mais ceux-ci ne paraissaient pas disposés à quitter la place, ils ne tournèrent même les talons que quand les cavaliers furent tout à fait sur eux et après avoir reçu plusieurs flèches. La lueur de l'amorce des fusils semblait leur faire plus peur que tout autre chose; cependant ils battirent en retraite très-majestueusement, après avoir,

comme le premier, jeté une grande quantité de sable
à leurs agresseurs. Ils avaient sur le dos un grand
nombre de ces oiseaux appelés *tuda* (espèce de *bu-
phaga*), semblables à la grive, qui leur sont, dit-on,
fort utiles, en détruisant les insectes sur les parties
de leurs corps qu'ils ne peuvent atteindre eux-mêmes.

Dans son excursion à Munga et au Gambarou, le
major Denham et ses compagnons arrivèrent juste
avant le coucher du soleil, sur une troupe de quatorze
ou quinze éléphants, que les nègres firent gambader
comme des monstres infernaux en frappant avec un
bâton sur un bassin de cuivre. Dans le voisinage de
Bornou, ces animaux était si nombreux, qu'on les rencontrait près du lac Tchad en troupeaux de cinquante
à quatre cents.

On regarde l'éléphant d'Afrique comme plus féroce que celui d'Asie; c'est ce qui fait, probablement
qu'il n'est pas encore apprivoisé. Cependant les Car-
thaginois, on le sait, s'en servaient à la guerre, et
il n'y a pas à douter que les éléphants dont César et
Pompée gratifiaient l'amphithéâtre, ne vinssent d'A-
frique.

Les défenses de cette espèce d'éléphants sont de
grande dimension et fournissent au commerce un
article lucratif. L'ivoire est aussi estimé des modernes
qu'il l'était des anciens pour les meubles, les ornements, et surtout pour ses statues dites *chryséléphan-
tines,* du genre de celles de la Minerve du Parthénon et
du Jupiter olympien de Phidias.

Si l'on examine les oreilles de l'éléphant d'Afrique, on reconnaît que cette espèce paraît avoir été celle que choisit Bélial pour se présenter à Faust ; c'est du moins ce que nous apprend « l'Histoire prodigieuse et lamentable de Jean Fauste, grand magicien, avec son testament et sa vie épouvantable [1]. »

« Le gouverneur et principal maître du docteur Fauste vint vers le dit docteur Fauste, et le voulut visiter. Le docteur Fauste n'eut pas un petit de peur, pour la frayeur qu'il lui fit ; car en la saison, qui étoit de l'été, il vint un air si froid du diable que le docteur Fauste pensa être tout gelé.

« Le diable, qui s'appelait *Bélial*, dit au docteur Fauste : Depuis le septentrion où vous demeurez, j'ai
« vu ta pensée, et est telle, que volontiers tu pourrois
« voir quelqu'un des esprits infernaux, qui sont
« princes ; pourtant j'ai voulu m'apparoître à toi, avec
« nos principaux conseillers et serviteurs, à ce que vous
« aussi aïez ton désir accompli d'une telle valeur. »
Le docteur Fauste répond : « Or sus, où sont-ils ? »

« Or, Bélial étoit apparu au docteur Fauste en la forme d'un éléphant, marqueté et aïant l'épine du dos noire, seulement ses oreilles lui pendoient en bas, et ses yeux, tout remplis de feu, avec de grandes dents blanches comme neige, une longue trompe qui avoit trois aunes de longueur démesurée, et avoit au col trois serpents volants.

1. A. Cologne, chez les héritiers de Pierre Marteau.

« Ainsi vindrent au docteur Fauste les esprits, l'un après l'autre dans son poisle ; car ils n'eussent peu être tous à la fois.

« Or, Bélial les montra au docteur Fauste l'un après l'autre, comme ils étoient et comment ils s'appeloient. Ils vinrent devant lui les sept esprits principaux, à sçavoir : le premier *Lucifer*..,. »

Mais laissons là le terrain des apparitions pour les réalités de la nature, et présentons à nos lecteurs l'autre pachiderme que nous avons nommé plus haut, l'hippopotame, « le cheval de rivière » (ιπποποταμος) des Grecs.

Avec son corps massif, étayé sur quatre jambes grosses et courtes, l'hippopotame ressemble à une outre à vin des festins de Polyphème.

La question de savoir s'il n'existe aujourd'hui qu'une seule espèce d'hippopotame est controversée, bien qu'on en connaisse plusieurs espèces fossiles.

Desmoulins en compte deux. — *l'hippopotamus capensis* et *l'hippopotamus senegalensis*. Il appuie, dit-il, son opinion, sur des différences ostéologiques aussi tranchées que celles sur lesquelles s'appuya Cuvier pour séparer le grand hippopotame fossile de l'espèce nouvelle qui existe au Cap. Desmoulins va plus loin: non seulement il n'est pas impossible, selon lui, que l'hippopotame du Nil diffère des deux espèces susmentionnées, mais encore il prétend qu'il pourrait bien y en avoir deux espèces dans ce fleuve. Or,

Caillaud rencontra dans le Nil supérieur, parmi une quarantaine d'hippopotames à peau rougeâtre, deux ou trois hippopotames d'un bleu sombre, et ce paraît être là le fondement de cette opinion de Desmoulins.

Mais quand il s'agit d'espèces, la couleur est parfois un guide trompeur, et, sans parler des différences qu'y apportent le sexe et l'âge, plus d'un observateur a remarqué du changement chez le même individu, selon que la peau est sèche ou humide. Ainsi un jour que Levaillant examinait du haut d'un roc surplombant la rivière, un hippopotame qui se promenait au fond de l'eau, l'animal, dont la peau est grise quand elle est mouillée, lui parut cette fois d'un bleu foncé, à cause de la profondeur du lit. Une fois sa curiosité satisfaite, le voyageur français saisit le moment où le monstre vint respirer à la surface, pour lui envoyer une balle qui le tua raide à la grande joie des Hottentots.

Le système osseux de l'hippopotame se rappproche de celui du bœuf et du cochon. L'analogie est surtout sensible dans l'agencement des os du crâne et la configuration de ses sutures; mais il porte en même temps un caractère particulier.

Les dents sont très-remarquables et varient, principalement les molaires, quant à la forme, au nombre et à la position, selon l'âge de l'animal. Les longues incisives recourbées de la mâchoire inférieure avec ses énormes canines, redoutables défenses dont l'extrémité affilée ressemble à un ciseau, donnent à sa gueule ouverte un aspect effroyable. Ce formidable appareil lui est une meule puissante pour broyer et triturer les plantes dures et coriaces dont il se nourrit, avant qu'elles arrivent à l'estomac. Cet organe, chez un individu parvenu à sa complète croissance, peut aisément contenir 180 à 220 litres, et le tube intestinal n'a pas moins de 20 centimètres de diamètre. On a extrait de l'estomac et des intestins d'un jeune hippopotame près de cent dix litres d'herbages à moitié mâchés. Cette effroyable mâchoire sert à l'animal d'arme offensive et défensive contre le crocodile, quand ce dernier l'approche de trop près et se permet des privautés.

On dit que, lorsqu'il est irrité ou que des blessures l'ont rendu furieux, l'hippopotame peut, à l'aide, de ses dents, faire couler une embarcation. Nous n'en voulons pas répondre; cela dépend d'ailleurs de la dimension de l'esquif. Nous n'ajouterons pas non plus une foi aveugle à l'austérité de son régime, qui, prétend-on ne comporterait jamais de nourriture animale; mais, sans croire absolument à l'histoire lamentable qu'Alexandre écrivait à Ariste, à savoir, que ses troupes légères avaient été dévorées par les hippopotames en traversant une rivière à la nage, nous tenons cependant pour certain que si quelque malheureux se trouvait sur la route du monstre quand celui-ci est affamé, son corps pourrait bien servir d'assaisonnement à un repas dont un ou deux crocodiles jeunes et tendres composeraient le menu. La chair du crocodile, prétendent certains voyageurs, est extrêmement belle; elle a la couleur, la consistance et le goût du meilleur veau, et la graisse en est ferme et verte, semblable à de la chair de tortue. On en a dit autant de la chair de l'alligator. Il est probable toutefois que, dans les deux cas, il s'agit des jeunes, car les vieux exhalent une très forte odeur de musc.

Quand l'hippopotame n'est pas excité, ses formidables dents sont cachées sous des lèvres immenses. Son corps est enveloppé d'une couche de graisse que recouvre un cuir épais, dur et luisant, sur lequel nous reviendrons.

Le plus grand des deux hippopotames mesurés par Zerenghi avait cinq mètres huit centimètres de long, quatre mètres cinquante centimètres de tour, et deux mètres de haut. L'ouverture de sa gueule était large de soixante centimètres, et ses défenses longues de plus de trente centimètres au-dessus de la gencive.

Le temps de la gestation est le même que pour l'espèce humaine : on le dit, du moins, et cela est probable. C'est à terre que la femelle met bas, et, à la moindre alarme, elle et son petit se jettent à l'eau. Aussi, est-il extrêmement difficile de s'emparer du petit. Un témoin oculaire affirme avoir guetté, jusqu'à ce qu'elle eût mis bas, une femelle venue d'une rivière voisine. Dès que le petit fut né, l'un des voyageurs de l'expédition ajusta la pauvre mère et la tua. Les Hottentots sortirent alors de leur cachette et se précipitèrent pour prendre le nouveau-né ; mais l'instinct de la pauvre créature l'emporta sur leur raison : il gagna la rive, et, se jetant dans l'onde hospitalière, il échappa à ses ravisseurs.

Un autre petit hippopotame, surpris par Sparrman et sa suite, n'eut pas le même bonheur. Un matin, au moment où le voyageur et ses Hottentots allaient quitter leurs postes pour retourner à leurs fourgons, un hippopotame femelle vint avec son petit des bords de quelque autre rivière, pour prendre ses quartiers dans celle que Sparrman bloquait alors. Au moment où, sur une rive assez escarpée, la mère attendait et regardait venir son petit, qui boitait, et, par conséquent ne pouvait marcher vite, un Hottentot fit feu sur elle sans l'atteindre : aussitôt elle plongea dans la rivière. Un autre Hottentot s'empara du petit et le retint par les jambes de derrière jusqu'à ce que ses compagnons arrivassent à son aide. Le jeune animal fut bientôt lié et porté en triomphe aux fourgons, malgré ses cris, qui ressemblaient assez à ceux d'un pourceau qu'on va tuer, mais beaucoup plus aigus. Il faisait de violents efforts, et l'on n'en pouvait venir à bout.

Bien que les Hottentots prétendissent qu'il n'avait guère que quinze jours ou trois semaines, il avait plus d'un mètre de long et soixante centimètres de haut. Quand il fut délié, il cessa de crier, et quand, pour l'habituer à eux, les Hottentots lui eurent plusieurs fois passé les mains sur le nez, la pauvre bête commença à se faire à leurs personnes. Sparrman le dessina ; après quoi le malheureux orphelin fut tué, disséqué et mangé en moins de trois heures, Sparrman lui trouva quatre estomacs presque vides. Le canal intestinal avait trente-trois mètres de long !

Et cependant c'était un *enfant*. Qu'on juge ce qu'eût été un animal dans toute sa grosseur !

De tous temps, les laboureurs dont les champs avoisinent une rivière fréquentée des hippopotames, se sont plaints amèrement des dégâts et des pertes que leur causent ces ogres monstrueux. L'antiquité les a regardés comme la personnification de Typhon, le symbole de la destruction, et les a adorés, comme quelques peuples adorent le diable, à cause de la peur qu'ils en ont. De nos jours, colons et indigènes leur font une guerre acharnée. Les piéges, les embûches, les carabines les suivent partout où ils se montrent, sans parler de ce vieux moyen de chasse, tant soit peu apocryphe et coûteux, qui consiste à laisser sur leur route des tas de pois secs que dévorent ces énormes gloutons, et qui, se renflant dans leur corps avec l'eau qu'ils ont bue, finissent par les faire crever. Cependant l'animal parfois prend sa revanche, et Sparrman, par exemple, eut une belle peur un jour qu'un hippopotame fondit comme la flèche sur lui et ses compagnons, en poussant des cris terrifiants.

La voix de l'hippopotame est quelque chose qui tient du hennissement et du grognement, Sparrman essaie d'en donner l'idée par ces mots : *heurh, hurh, héoh-héoh*. Les deux premiers sons sont rauques,

mais élevés et chevrotants, semblables au grognement
des autres animaux, tandis que le dernier *héoh-héoh*,
est extrêmement bref et se rapproche du hennissement.
D'autres prétendent que son cri ressemble plutôt au
mugissement du buffle qu'au hennissement du cheval,
au moins celui qu'il pousse en mourant. Il en est qui
l'appellent ronflement, d'autres hennissement, d'autres
encore grognement, et on l'a comparé au sourd cra-
quement d'une lourde porte qui roule sur ses gonds.
Chacun d'ailleurs est aujourd'hui à même à Paris
d'apprécier la voix de l'énorme brute par une visite
au Jardin des Plantes aux heures des repas de sa sei-
gneurie aquatique.

Rien de tout ceci, assurément, ne donne l'idée de
quelque chose de bien mélodieux ; on ne saurait nier
cependant que cette hideuse masse de chair ne renferme en elle des instincts musicaux.

Le major Denham rapporte que, pendant son excursion à Munga et au Gambarou, il campa avec ses compagnons sur le bord d'un lac fréquenté par les hippopotames, dans l'intention d'en abattre quelques-uns.
Un violent orage fit manquer la partie ; mais le lendemain matin les chasseurs purent se convaincre que
ces lourdes bêtes, non-seulement ne sont pas insensi-
bles à la musique, mais encore qu'elles la recherchent
autant que le font, dit-on, les phoques, bien, du reste,
que l'instrument qui rend les sons ne possède pas une
douceur ni une mélodie remarquables. Quand le major et sa suite passèrent, au lever du soleil, sur les

bords du lac Muggaby, les hippopotames suivirent les tambours des différents chefs tout le long du lac, approchant parfois si près de la rive que l'eau qu'ils rejetaient de leur bouche atteignait les personnes qui passaient sur le bord. Le voyageur en compta quinze se présentant à la fois à la surface. Colombus, son domestique, en tira un et le frappa à la tête. L'animal poussa un mugissement tel en se replongeant dans le lac, que tous les autres disparurent à l'instant.

Mais quelque partagées que soient les opinions sur le mugissement ou le hennissement de cet amphibie, sa chair, appétissante et savoureuse, lui a mérité de tous les voyageurs le surnom plus gastronomique de *bœuf marin*. Salée et séchée, la couche de graisse qui se trouve immédiatement sous la peau est fort estimée par les gourmets du Cap.

Quant aux dents, on sait le parti que tirent des canines les artistes en râteliers humains. Les anciens se servaient également de cet ivoire, et Pausanias rapporte que la face de la Cybèle était faite en ivoire d'hippopotame.

La peau dure et épaisse de l'animal servait aux anciens à fabriquer des casques et des boucliers. De nos jours, on en fait des espèces de cravaches ou fouets qui, dans le pays, sont, comme le knout des Russes, de terribles instruments de supplice. Le major Denham fut témoin d'une exécution de ce genre dont les hideux détails répugnent à notre plume.

Les descriptions antiques nous représentent l'hippo-

potame sous des formes diverses, tantôt avec une cri-
nière de cheval et des sabots de bœuf, tantôt avec la
queue de ce dernier animal. Il est assez singulier que,
depuis Hérodote et Aristote jusqu'à Pline et ses suc-
cesseurs, les récits aient été si peu corrects, tandis
que les représentations que l'art en a laissées sont
comparativement exactes ; témoins les médailles
d'Adrien avec un crocodile à côté du Nil et un hippopotame regardant le fleuve-dieu, et encore les médailles
de Marcia Otacilla Severa, ainsi que les sculptures du
socle de la statue du Nil ayant un crocodile à son
embouchure.

Après tout, on peut bien croire que quelques-uns
avaient vu l'animal lui-même. Marcus Scaurus fut le
premier, dit Pline, qui, dans les fêtes de sa magistra-
ture, montra au peuple un hippopotame et quatre crocodiles. Un autre hippopotame orna aussi la pompe
triomphale d'Auguste après sa victoire sur Cléopâtre.
Les derniers empereurs en firent venir fréquemment
à Rome, et il y a tout lieu de croire que ce n'était plus
seulement comme purs objets de curiosité, mais bien
comme antagonistes aux gladiateurs du cirque.

Les anciens croyaient à une inimité grande entre
l'hippopotame et le crocodile. Il se peut que les deux
races ne soient pas animées d'excellents sentiments à
l'égard l'une de l'autre ; mais vivant voisins et pourvus chacun par la nature d'armes offensives et défen-
sives, il est probable que les deux monstres se con-
tentent d'une neutralité armée.

2.

Ce qui tout d'abord frappe dans l'hippopotame, ce sont ses yeux et ses narines. Les premiers ont un aspect extraordinaire ; la projection du globe de l'œil est tellement forte, qu'on la croirait le résultat de quelque lésion extérieure ou intérieure. Mais il n'en est rien. Cette disposition est, au contraire, un nouvel exemple de l'admirable appropriation des organes au but qu'ils doivent atteindre. Il faut que les muscles de l'œil soient excessivement forts et souples pour projeter le globe en avant ou le retirer au fond de l'orbite, de manière à adapter la vision aux différents milieux où elle est appelée à agir, selon que l'animal est à terre, qu'il nage sous la surface de l'eau, ou qu'il marche sur le lit même des fleuves à des profondeurs considérables. Cela rappelle une disposition semblable dans l'appareil visuel de certains oiseaux de proie, comme les aigles et quelques autres.

Les naseaux sont placés de telle sorte que, quand l'animal remonte à la surface, c'est la première chose qu'on voit sortir de l'eau. Ils se ferment, comme ceux du phoque, quand il plonge, et s'ouvrent lorsqu'il vient respirer; mais l'appareil qui fait qu'ils s'ouvrent ou se ferment est plus compliqué. Dans l'hippopotame, les naseaux, situés plus verticalement que ceux du veau-marin, sont organisés de manière à indiquer la présence d'un sphincter orbiculaire doué de la faculté de saillir en avant, pour que, dans l'acte de l'aspiration, la tête, soit le moins possible exposée hors de l'eau.

Ces deux pièces de la machine animale de l'hippopotame, les yeux et les naseaux, sont de première
nécessité à un être qui passe dans l'eau la plus grande
partie de son temps. L'admirable mécanisme de l'œil
n'offre rien de semblable chez aucun mammifère ; il
se rapproche beaucoup de celui du caméléon. Sur la
rive, un danger menace-t-il ? l'hippopotame l'aperçoit
du plus loin et aussitôt il cherche instinctivement un
abri au fond de la rivière. Dans cette retraite sûre, il
peut rester jusqu'à ce que le péril soit passé, et si,
dans l'intervalle, il a besoin d'une nouvelle provision
d'air, il vient la prendre à la surface en n'exposant
que l'extrémité de ses naseaux.

Autour des paupières la peau est rose-chair, et elle
n'est sillonnée que d'un pli à la paupière supérieure
et de deux plis à la paupière inférieure. De prime
abord, on croirait les paupières dépourvues de cils ;
mais, en les examinant de plus près, on découvre
quelques poils rares et courts sur le bord de la paupière supérieure. Dans le mouvement propulseur de
l'œil hors de l'orbite, le blanc acquiert une proportion
considérable et laisse voir de larges vaisseaux con-
jonctivaires. Quand l'œil fait son mouvement de
retraite, on voit s'avancer une épaisse et lourde membrane clignotante, *palpebra nictitans*, et le globe se
meut simultanément d'avant en arrière et de haut en
bas ou de bas en haut. Il existe une caroncule ou
protubérance au centre de la surface externe de la
paupière clignotante. — L'iris est d'une couleur brune

foncée ; la pupille est une espèce d'ouverture oblongue transversale, et le globe de l'œil, relativement petit, est remarquable par ses mouvements de projection et de rétraction.

« Les naseaux, dit le professeur Owen [1], placés sur une éminence érectile que l'animal a la faculté de ramener sur la partie supérieure de son énorme museau, sont deux fentes courtes et obliques, défendues par deux valvuves qui, comme les paupières, peuvent s'ouvrir et se fermer instantanément. C'est surtout quand l'animal est dans son élément favori que les mouvements de ces deux ouvertures deviennent visibles.

« La bouche immense de l'hippopotame est remarquable par ses angles relevés dans la direction des yeux, ce qui donne à cette masse animée une expression comique des plus grotesques. Ses dents de lait, courtes et fines, font une saillie légère en avant, et les petites incisives destinées à tomber paraissent enchâssées dans une alvéole faite avec la gencive même.

« Le museau est hérissé de grosses soies courtes plantées à distances égales, et dont quelques-unes semblent se partager et former une sorte de bouquet ou de touffe. Le dos et les flancs sont couverts d'un poil extrêmement fin et court, qu'on n'aperçoit que de près. La queue est courte, assez plate et se termine brusquement en pointe. »

[1] Dans les *Annals and Mangazine of Natural History*.

L'hippopotame, au sortir de l'eau, paraît d'un noir bleuâtre sur le dos et les flancs, et rose vif sous le ventre ; ses oreilles sont également couleur de chair, il les agite avec beaucoup d'énergie.

Le rictus de la bouche est fort grotesque et fait un angle aigu quand le monstre ouvre cet antre énorme. La peau est partout ridée des petites gerçures des glandes visqueuses dont la mucosité sert à lubrifier le cuir de l'animal. Ce cuir, qu'on dirait privé de poil, est cependant couvert d'un duvet fin et soyeux qui peut se comparer à celui qui couvre la lèvre d'un très jeune homme. Au fond de l'eau, l'hippopotame semble plus bleu, ou, si l'on veut, moins noir ; on distingue parfaitement sur sa peau la place des pores qui se-crètent le mucus.

La nature amphibie de l'hippopotame nous amène à chercher l'espèce d'appareil qui lui permet de demeurer au fond de l'eau. Les réservoirs veineux des phoques et les réceptacles artériels plexiformes des baleines vont naturellement se présenter tout d'abord à l'esprit des physiologistes. Les derniers, comme on doit s'y attendre, sont beaucoup plus vastes et plus complexes. La baleine reste ordinairement une heure dix minutes sans venir chercher d'air à la surface. A l'état de nature, les phoques restent de quinze à vingt-cinq minutes sous l'eau. Mais on a observé qu'un phoque en captivité était resté endormi au fond de son bassin pendant une heure entière. On ne saurait guère déterminer le temps que l'hippopotame peut passer sous l'eau ; toutefois à la manière calme et tranquille dont il arpente le fond des rivières, il est probable que, pour se disposer à un aussi long séjour sous-marin, l'animal vient auparavant aspirer l'air libre pendant un laps de cinq à dix minutes.

Sparrman et M. Cumming sont peut-être les deux hommes qui ont le mieux dépeint les mœurs de l'hippopotame. Écoutons la description que fait le Nemrod écossais [1] de l'ingénieuse machine de guerre employée par les naturels contre le béhémoth, comme ils appellent l'énorme bête.

« Le 20 juillet, dit l'intrépide chasseur, je montai à cheval et me dirigeai de nouveau vers la rivière, où je trouvai encore une troupe d'hippopotames... Ce jour-là, je découvris un engin des plus meurtriers, construit par les Bakalahari, pour tuer le monstre amphibie. L'appareil consistait en une petite assagaie ou clou aiguisé et empoisonné, solidement emmanché à l'extrémité d'une lourde pièce de bois d'épine, longue de quatre pieds (1ᵐ 20ᶜ) et d'un diamètre de cinq pouces environ (soit 12 centimètres). Cette formidable machine était suspendue au-dessus d'un sentier battu par les hippopotames, à une hauteur de trente pieds (9ᵐ,12ᶜ) du sol, au moyen d'une corde d'écorce qui passait sur une des branches d'un grand arbre, descendait le long du tronc, glissait sur une cheville et, traversant le sentier, allait s'attacher de l'autre côté

[1] *Cinq années de la vie d'un chasseur dans l'Afrique Méridionale.*

à un piquet. A cette machine était adaptée une détente construite de telle façon, que, dès que l'hippopotame se heurtait contre la corde qui barrait le passage, le terrible billot se détachait soudain, et, suivant la perpendiculaire, venait enfoncer dans la pauvre victime son dard inexorable. Les os et les dents d'hippopotame, dont le sol était jonché non loin de là, attestaient le succès de cette dangereuse invention. »

Le premier hippopotame qui parut à Londres au Jardin Zoologique fut pris en août 1849, dans le Nil, à plus de trois mille kilomètres du Caire. Il était alors du volume d'un veau nouveau-né, plus gros mais plus bas. Sa malheureuse mère venait d'être atteinte mortellement; mais, comme au lieu de se jeter dans le fleuve, elle se dirigeait en appelant vers d'épaisses broussailles qui garnissaient la rive à quelque distance, les chasseurs portèrent leur attention de ce côté et y découvrirent l'enfant, au milieu de hautes herbes. Ils ne purent cependant s'en emparer immédiatement, car il glissa de leurs mains et prit aussitôt sa course vers le fleuve, qu'il aurait infailliblement atteint, si l'un de ceux qui le poursuivaient ne lui avait enfoncé dans le flanc la gaffe du bateau.

Bientôt l'animal s'attacha très-vivement à ceux qui prenaient soin de sa personne, se conduisant à leur égard tout à fait comme s'ils étaient pour lui *in loco parentis*. Pendant la traversée à bord du navire à vapeur le *Ripon*, qui le débarqua le 25 mai 1850 à Southampton, il avait au-dessus de sa case le hamac de son gardien. Ce n'était pas tout plaisir pour le pauvre homme, car il ne pouvait pas s'éloigner de son élève sans que celui-ci ne témoignât la plus grande anxiété. Il paraît même que le jeune hippopotame, pour s'assurer de la présence de son ami, frappait de temps en temps le hamac de l'Arabe avec son énorme tête.

« Le vif attachement de l'animal pour son gardien, écrit encore le professeur Owen dans le Mémoire que nous avons déjà cité, a évité toute difficulté pour ses différents transbordements, du vaisseau au chemin de fer et du chemin de fer à sa demeure actuelle. En arrivant dans le jardin, l'Arabe chargé de sa personne mit pied à terre le premier, avec un panier de dattes sur l'épaule, et l'hippopotame le suivit aussitôt, tendant, de temps à autre, son grotesque museau vers ses friandises favorites, qui, au surplus, lui furent libéralement abandonnées comme une légitime récompense, dès qu'il fut entré dans son nouvel appartement. Le lendemain matin, lorsque je l'allai voir, il était nonchalamment étendu sur la paille, la tête appuyée au pied de la chaise sur laquelle était assis son gardien. Il poussait de temps en temps des soupirs de bien-être, et entr'ouvrant ses épaisses et lourdes paupières, il levait vers l'Arabe un regard placide et béat; puis il s'amusait à mordre un des pieds de la chaise.

« Après une heure de ce manège, il se leva, fit lentement le tour de sa chambre et poussa un cri rauque et élevé, répété cinq ou six fois de suite, assez semblable au hennissement du cheval, et se terminant par quelque chose de bref et d'éclatant comme un aboiement. Le gardien, parfaitement au fait de ce langage, nous apprit que l'animal demandait à retourner dans son bain. En conséquence, il ouvrit la porte et marcha devant: l'hippopotame le suivit comme un chien. En arrivant au bord du bassin, la lourde bête en descendit avec précaution les larges degrés, s'arrêta, but une gorgée, enfonça sa tête dans l'eau et finit par s'y plonger tout entier.

« Il ne fut pas plutôt dans son élément favori, qu'il changea tout à coup d'aspect : on l'aurait dit animé d'une vie nouvelle ; il se donnait un mouvement extraordinaire, allant, venant, plongeant, et reparaissant pour plonger encore. On l'aurait pris pour un cétacé. A chaque instant, il emplissait d'eau sa bouche immense, et rejetait cette eau avec force en venant nous montrer sa grotesque figure. Comme au fond du bassin c'était surtout son dos qu'on apercevait, l'animal paraissait infiniment plus gros qu'à terre. Après une demi-heure d'ébats, il sortit de l'eau à la voix de son gardien, et le suivit dans sa cabane, où l'attendait une moelleuse litière de paille fraîche et un gros sac rembourré dont il sait fort bien faire son oreiller. »

Au Caire, l'hippopotame en question mangeait beaucoup d'argile, et les Arabes ses gardiens, ont exprimé le désir qu'il en eût dans sa nouvelle demeure. Sparrman a trouvé dans l'estomac d'un jeune hippopotame ouvert par lui, une assez forte quantité de matières

boueuses mêlées à des plantes et à des feuilles entièrement fraîches : il est possible que cette boue ait été
avalée par l'animal pour corriger l'âcreté de son régime,
comme ici nous voyons les veaux lécher la craie. Le
formidable appareil dentaire au moyen duquel l'hippopotame déracine les plantes au fond des rivières doit
aussi nécessairement saisir et entraîner en même
temps dans l'estomac une certaine quantité de terre ;
la découverte de Sparrman en est la preuve.

Deux des Arabes qui ont accompagné l'hippopotame
du Jardin Zoologique de Londres, — Djabar-Haidjab
et Mohammed Abou-Mirouan, — étaient l'un et l'autre
d'habiles charmeurs de serpents. Le premier était
un vieillard qu'avait employé autrefois les savants
français de l'expédition d'Égypte sous Bonaparte ; il
attrapait des reptiles pour Geoffroy Saint-Hilaire.
L'autre était un jeune garçon d'une quinzaine d'années,
le neveu de Djabar. Il remplissait un rôle important
dans leurs exercices avec les serpents ; il était devenu,
de plus, le camarade de jeu de l'hippopotame.

Rien n'était plus amusant que de le voir jouer avec
l'énorme bête. Il commençait par provoquer son par-
tenaire au moyen de gambades bouffonnes, puis il
battait rapidement en retraite lorsque le monstre
s'avançait sur lui, et alors l'hippopotame se mettait
gaiement à sa poursuite en ouvrant une effroyable
bouche.

Le professeur Owen remarque, dans sa notice sur
l'hippopotame, que cet animal, âgé seulement de dix

mois au moment où il écrit, avait déjà deux mètres quinze centimètres de long, et que son corps énorme mesurait sous le ventre trois mètres de circonférence. Cette masse était soutenue sur quatre grosses jambes très-courtes terminées chacune par quatre larges ongles. Aux pieds de devant, les deux ongles internes sont plus petits que les autres, et les deux du milieu sont les plus gros aux quatre pieds.

« Les membres postérieurs, continue le naturaliste, sont enterrés sous la peau des flancs, presque jusqu'à la naissance du talon. D'épaisses écailles d'épiderme sont sur le point de se détacher du pied, surtout par derrière, où l'on voit un lambeau blanc, bien circonscrit ; mais c'est en vain que j'ai cherché quelque trace de l'orifice glandulaire qui existe au même endroit chez le rhinocéros. La peau nue qui couvre le dos et les flancs de l'animal est rouge-indien foncé, et sillonnée çà et là de petites rides nombreuses qui se rencontrent, mais sont presque toutes disposées transversalement. La première fois que j'ai vu l'hippopotame, il sortait de son bain et une petite goutte de sécrétion luisante perlait à chacun des pores visqueux disposés sur tout son corps, à des intervalles de huit lignes à un pouce (20 à 25 millim.). Ces gouttelettes, par le soleil, donnaient à la peau des reflets tout particuliers. Quand l'animal était plus jeune, cette sécrétion était rougeâtre, et comme elle était beaucoup plus abondante qu'aujourd'hui, toute la surface du corps en prenait la couleur chaque fois qu'il sortait de l'eau. »

Rien n'est plus exacte que cette description, à l'exception, toutefois, de la prétendue nudité de la peau, laquelle, comme il a été dit plus haut, paraît nue au premier abord, mais est en réalité couverte d'un poil très-menu et soyeux, qui disparaît sans doute en totalité ou en partie à mesure que l'animal avance en âge.

Un an après son installation à Regent's-Park, le jeune citoyen du Nil était dans un état de véritable prospérité matérielle. Sa nourriture consistait encore en une bouillie au lait faite avec de la farine d'avoine, et, voudra-t-on le croire, son cornac Hamet y ajoutait une assez forte quantité de crottin de cheval. Oui, lecteur, « Hippo » consommait beaucoup de ce condiment, et il en a toujours consommé avec délice. Cette confidence sur l'alimentation de l'hippopotame rappelle un passage de Sparrman, dans lequel ce savant prévoit la possibilité d'amener en Europe un de ces animaux. A propos de l'hippopotame à la mamelle, qu'il captura et disséqua, le docteur suédois dit : « Je suppose qu'un hippopotame un peu plus âgé que celui-ci ne serait pas très-délicat pour sa nourriture ; car le nôtre, excité par la faim, ne fut pas plutôt laissé libre un moment près de notre chariot, qu'avec une avidité extraordinaire et sans le moindre dégoût, il se mit à avaler quelque chose d'assez sale qui venait de tomber sous la queue d'un de nos bœufs d'attelage. » Le voyageur a lui-même, on le voit, une délicatesse classique d'expression.

Il est assez probable que le jeune hippopotame avalait cette matière excrémentielle, non parce qu'il était pressé par la faim, mais pour corriger l'acidité du lait, qu'on trouva caillé dans son estomac. L'hippopotame à la mamelle pourrait bien, dans l'état de nature, avoir instinctivement recours aux résultats de la digestion maternelle pour le même effet. Cette conjecture ne semble pas être venue à l'esprit de Sparrman qui, après avoir raconté son anecdote, fait observer que cela peut paraître extraordinaire chez un animal qui a quatre estomacs, mais qu'il existe des exemples de cette espèce d'alimentation pour le bétail commun que, dans le Herjebal, on nourrit en partie de crotin. Sparrman ajoute qu'on lui a assuré que cette manière de nourrir les bestiaux, était pratiquée très-avantageusement dans l'Upland ; qu'on y avait eu recours dans une saison où il y avait rareté de fourrage et qu'ensuite ces mêmes bestiaux s'y étaient habitués de telle sorte qu'on n'avait plus besoin de mêler le crottin aux herbages ni aux plantes fourragères.

Quoi qu'il en soit, l'hippopotame de Londres s'est trouvé très-bien de ce régime. Nous ne saurions dire si celui du Jardin des Plantes de Paris a été nourri de la même façon, mais le fait est probable.

L'hippopotame n'a pas échappé à la médecine antique. Pline et les autres nous montrent de combien de préparations il a enrichi la pharmacopée. Nous les épargnons à nos lecteurs, nous bornant simplement à dire que ses dents, employées d'une certaine façon, étaient un remède souverain contre l'odontalgie, et

que la mère de famille qui pouvait se procurer de la
cervelle d'hippopotame et en frotter les gencives de
son enfant affranchissait la pauvre petite créature des
douleurs de la dentition. N'oublions pas non plus que
l'animal était considéré comme un maître en l'art de
guérir, à cause de l'habitude qu'on lui attribuait de
se pratiquer des saignées en s'écorchant les veines des
jambes à la pointe affilée d'un pieu ou à l'extrémité
aiguë d'un gros roseau cassé, chaque fois que le ré-
clamait sa constitution pléthorique.

II

LA CIGOGNE. — L'ADJUDANT.

Les corps ne meurent que pour revivre. Le cadavre que n'ont pas disputé aux vers les efforts irrévérencieux de la science médicale, ne tarde pas à s'animer d'une nouvelle vie animale sous d'autre formes, et la plante renaît aussi de ses fibres décomposées ; sans parler des myriades de petits insectes qui vivent, se meuvent et se nourrissent sur ces débris. Encore ceci, remarquez-le bien, n'est-il que la première scène visible à tous les yeux. A vrai dire, le globe terrestre est évidemment si rempli, qu'il est facile de comprendre qu'on ait pu imaginer que, relativement, la quantité de la matière soit infiniment petite et le volume de l'esprit énormément grand. On dit que Jupiter, en ayant fait la remarque, lança une poignée d'âmes sur ce *petit tas de boue*, et les laissa se disputer le peu de corps disponibles.

De pareils contes une fois admis, heureuse doit avoir

été l'âme qui put, victorieuse de la lutte, se frayer un chemin dans l'œuf d'une cigogne, cette personnification de toutes les vertus. Reconnaissance, tempérance, chasteté, charité, telles sont quelques-unes des qualités que les anciens attribuaient à cet oiseau. Le bienvenu partout, apportant avec lui une vie enchantée, il était, il est encore salué comme le messager du printemps et l'ennemi acharné du mal.

La disparition des cigognes pendant l'hiver et leur réapparition au printemps ont donné lieu aux mêmes fables d'hivernage qu'on a longtemps débitées sur les hirondelles. Qui n'a ouï parler de chapelets de cigognes péchés dans l'eau, se tenant toutes ensemble par la queue ? Le lac de Côme, si nous avons bonne mémoire, était un de leurs quartiers d'hiver préférés. Des pêcheurs, prétend-on, en ramenèrent dans leurs filets un grand nombre engourdies par le froid et ne donnant plus signe d'existence, mais bientôt les bonnes gens les ranimèrent en les mettant dans un bain chaud. Pline, le naturaliste, ne doutait pas de leur migration, pas plus que des grandes distances d'où elles arrivaient, bien que de son temps, dit-il, on ignorât d'où elles venaient et où elles se retiraient.

Pourtant le vieux Belon savait bien que l'Afrique était le lieu de leur retraite d'hiver ; on les voyait, affirme-t-il, blanchir les plaines de l'Égypte en septembre et en octobre. Ce savant naturaliste (grâces lui soient rendues de ses excellentes observations) en vit une longue troupe dans l'acte même de leur migration, alors qu'il se trouvait à Abydos pendant le mois d'août. Elles venaient du Nord, et quand elles arrivèrent à la Méditerranée, elles tournèrent, tournèrent en rond, puis se débandèrent en compagnies distinctes et cessèrent de faire route en une seule colonne.

Le docteur Shaw, dans un voyage au Mont-Carmel, les vit venir d'Égypte par troupes qui mesuraient une étendue d'un kilomètre en largeur et dont chacune mit trois heures à défiler. Certaines histoires prétendent qu'elles sont précédées dans leur vol par une avant garde de corbeaux qui leur servent de guides ; d'autres soutiennent, au contraire, qu'il y a haine à mort entre les deux races, et que l'Égypte a vu de rudes combats entre les cigognes et les corbeaux.

L'arrivée des corbeaux s'annonce par leurs cris ; la cigogne ne fait entendre aucun son de voix. Ce mutisme a probablement fait naître et entretenu chez les anciens la croyance que les cigognes n'avaient pas de langue. Leur mode ordinaire de communication se fait par le claquement de leurs mandibules, qui s'entrechoquent comme une paire de castagnettes.

Les anciens connaissaient parfaitement cette particularité :

« Ipsa sibi plaudat crepitante ciconia rostro, »

a dit Ovide (*Métam.*, VI, 97), et le Dante y fait allusion dans sa description de l'agonie des coupables, au lieu des pleurs et grincements de dents :

3.

« Eran l'ombre dolenti nella ghiaccia ;
Mettendo i denti in nota di cigogna. »

Grandes sont les assemblées et bruyants les claque-
ments de becs qui précèdent la migration d'automne.
Pline a mentionné ces rassemblements, et, eu égard à
l'époque où écrivait le naturaliste romain, il y a peu
de faits relatés par lui qui n'aient été depuis lors
sanctionnés par les observateurs modernes.

Du temps d'Oppien, ce qu'on savait des cigognes
était un peu plus complet, car il parle de certains de
ces oiseaux partant de la Lycie et d'autres de l'Éthio-
pie. Mais quelqu'ignorants qu'aient pu être les anciens
des lieux où les cigognes passent l'hiver, aucun auteur
n'a nié leur migration. Longtemps avant les jours de
Pline et d'Oppien, on avait écrit : « Même la cigogne
dans l'air sait à point nommé le temps de son retour ;
la tourterelle, la grue et l'hirondelle observent le jour
de leur venue. »

Voyons maintenant le côté fabuleux de l'histoire de
la cigogne. L'aimable fille de Laomédon, la charmante
sœur de Priam, qui brillait entre les vierges mortelles
comme la lune au milieu des étoiles, se vanta, dans
son orgueil, d'être plus belle que la reine des cieux.
Junon, qui n'est pas citée pour sa patience en fait
d'insultes pareilles, lança contre la coupable le décret
de dégradation. La pauvre Antigone vit son nez délicat et sa bouche exquise s'allonger en un rouge bec
de corne, — tandis que son beau corps se perchait sur

deux hautes et maigres jambes rouges, n'ayant plus
que des ongles plats au bout de ses doigts étirés, pour
lui rappeler des membres jetés dans le moule de
femme le plus parfait.

Cette forme d'ongles n'a pas échappé à Willoughby,
qui écrit en parlant de notre oiseau : « Ses griffes sont
larges comme les ongles d'un homme, de sorte que le
mot πλατυωγυχός ne suffirait pas pour établir de différence entre l'homme et une cigogne plumée. — Pauvre
Antigone ! au lieu d'une table royale, chargée de mets
exquis, son couvert dut se dresser désormais dans le
désert. Mais l'irascible et jalouse déesse paraît avoir
été quelque peu touchée de commisération ; car, en
punissant son insolence, elle laissa selon la légende,
à la malheureuse métamorphosée, toutes ses vertus et
ses qualités aimables. La reconnaissance, la tempérance, la chasteté, l'amour du prochain, voilà quelques-uns des dons qu'elle lui conserva pour la con-
soler de son triste lot, et ces qualités, il paraîtrait, ont
toujours été depuis lors l'apanage de l'espèce.

On ferait un volume avec les anecdotes qu'on raconte de la reconnaissance des cigognes. On a dit
que, chaque année, en revenant à leurs nids sur le
toit des maisons, elles jetaient à leur propriétaire un
de leurs petits en guise de loyer ou de tribut, — acte
de justice accompli toutefois aux dépens de leurs
sentiments maternels. Eh bien ! si vous ne vous sentez
pas disposés à accueillir ce fait, écoutez l'histoire
d'Héraclé de Tarente, la bonne, la chaste, la pieuse
Héraclée.

Quand l'ange de la mort lui ravit son époux bien aimé, elle pleura longtemps et amèrement, mais non comme la matrone d'Éphèse. Ne pouvant plus supporter la vue de sa chaise vide et de sa couche solitaire, elle alla établir sa demeure sur la tombe de son mari. Là, plongée dans sa douleur, un jour que, par un beau soleil d'été, tout, excepté la triste veuve, souriait dans la nature, elle vit un couple de cigognes apprenant à leurs petits à voler. L'une de ces chétives créatures, aux ailes peu robustes, tomba à terre et se cassa la patte. Héraclée avait trop souffert elle-même pour ne pas compâtir aux souffrances d'autrui ; elle éleva le jeune oiseau, pensa sa blessure, y appliqua de salutaires remèdes, et quand la cure fut complète, elle lui donna la liberté. Il s'envola ; et elle, qui contemplait son départ en soupirant, elle resta seule avec sa douleur.

L'année suivante, assise à la porte du tombeau conjugal, la triste Héraclée, enveloppée de sa robe de deuil et inondée des rayons d'un soleil printanier, aperçut au loin une cigogne qui se faufilait vers elle en rasant la terre. L'oiseau s'avance ; comme il approchait, elle reconnut son invalide, et lui, aussitôt, de voltiger légèrement au-dessus d'elle ; puis, laissant tomber de son bec une pierre sur les genoux de la veuve, il repartit. La pauvre veuve se demandait avec étonnement ce que cela pouvait signifier ; mais frappée de l'action de la cigogne, elle emporta la pierre chez elle et la déposa à terre. La nuit, l'endroit devint brillant, comme si mille torches l'eussent illuminé ; cet éclat éblouissant venait de la pierre précieuse, que la ci- gogne avait rapportée des contrées lointaines à sa bienfaitrice, — pierre plus brillante que le diamant le Koh-i-nour, la montagne de lumière. »

Pure invention ! direz-vous.

Eh bien ! si vous vous refusez à croire Elien, voici une autre histoire qui relate un fait semblable.

Un méchant lança une pierre à une cigogne et lui cassa une patte. La pauvre cigogne regagna son nid et y demeura. Les femmes de la maison la nourrirent, lui remirent la patte et la guérirent, si bien qu'en temps utile elle put partir avec les autres. Au prin- temps suivant, l'oiseau, qui fut reconnu par les femmes, revint au nid, et au moment où, attirées par ses gestes, elles s'approchaient de lui, il entr'ouvrit le bec et laissa choir à leurs pieds le diamant le plus beau qu'il avait pu ramasser dans ses voyages.

On cite encore la vieille cigogne qui avait établi son nid sur une certaine maison, pendant je ne sais combien d'années. Cet oiseau bien appris ne revenait jamais au printemps sans se promener de long en large devant la porte en faisant claquer son bec jusqu'à ce que le maître sortît. La cigogne alors claquetait plus que jamais, comme pour dire : « Bien le bonjour, Monsieur, me voilà revenue. » A quoi le maître répli- quait : « Ah ! ah ! la vieille, et comment cela va-t-il ? » Quand venait l'automne, même cérémonie, la cigogne claquetait : « Adieu, Monsieur ! » Et le maître répon- dait : « Bon voyage, brave femme ! »

Une autre cigogne, non contente d'un salut banal, rapportait, assure-t-on, à chacun de ses retours, une racine de gingembre, qu'après un suffisant exorde de claquement de bec, elle remettait comme étrennes au maître de la maison.

Tout le monde sait l'histoire de ce petit chien qui en amena un plus gros pour obtenir réparation d'un gigantesque mâtin. Oppien va bien plus loin, quand il nous raconte qu'autrefois un énorme serpent s'imaginait, chaque année, de se glisser dans le nid d'une cigogne et de détruire ses petits. A la fin, les désolés parents ramenèrent avec eux un autre oiseau qu'on n'avait pas encore vu, plus petit qu'une cigogne, mais armé d'un grand bec aigu comme un glaive. Quand la nichée fut mûre pour le meurtre, on vit le reptile s'avancer en rampant. Mais cette fois, il se trouva face à face avec le vaillant allié, et il s'ensuivit entre l'oiseau et lui un combat terrible, qui se termina par la mort du sanguinaire agresseur. Toutefois le défenseur de la nichée ne sortit pas sain et sauf de la lutte ; il souffrit tellement des morsures empoisonnées du serpent, que toutes ses plumes tombèrent ; ce que voyant, les parents, reconnaissants, se gardèrent bien d'abandonner leur bienfaiteur à son sort : ils le nourrirent, l'entretinrent et différèrent leur départ jusqu'à ce que les plumes lui fussent repoussées, et, ce temps arrivé, le protecteur et les protégés s'envolèrent de conserve.

Sur l'amour des cigognes pour la chasteté et leur horreur de l'infidélité, qu'elles punissaient avec la dernière rigueur, les anciens ont également bâti des histoires fort édifiantes ; et pour ce qui est de la tempérance, l'oiseau fut aussi en honneur chez eux que le père Mathieu d'Irlande chez les modernes.

Mais la piété filiale de la cigogne ! Ah ! voilà sa vertu capitale. N'a-t-elle pas donné l'idée des lois *Ciconiariæ*, par lesquelles l'enfant est obligé de nourrir ses parents, et ces lois ne sont-elles pas encore en vigueur aujourd'hui ? Si vous en doutez, consultez les « *Oiseaux* » d'Aristophane et sa mordante satire sur le bipède sans plumes qu'on y trouve.

Quand le pieux Énée emporta Anchise sur ses épaules, ne suivait-il pas l'exemple de la cigogne qui, sans que le même danger la menace, porte son vieux père invalide sur ses jeunes épaules pour lui faire faire, dans l'air, un tour de promenade ?

C'est là ce que dit le vieux quatrain français :

> « Le cigogneau ayant prins sa croissance
> Porte et nourrit ses père et mère vieux.
> Ainsi chacun d'aider soit curieux
> Son père vieil tombé en décadence. »

Chez ces oiseaux, l'amour maternel n'est pas moins développé. Témoin cette histoire véridique du dévouement d'une mère au grand incendie de Delft. La flamme furieuse s'élançait de toutes parts et atteignait le toit où se trouvait un nid de cigognes avec ses jeunes habitants encore dépourvus de plumes. La mère, effrayée, tenta vainement, par tous les moyens en son pouvoir, de mettre sa progéniture à l'abri du danger ; mais ses plus vigoureux efforts furent impuissants. Alors, environnée de feu et à demi suffoquée par la fumée, elle étendit ses ailes sur ses petits, pressa les pauvrets sur son sein et périt avec eux.

En voilà assez pour ce qu'on peut dire des excellentes qualités morales de la cigogne ; jetons maintenant un regard sur sa structure physique.

Perché sur deux hautes jambes maigres, recouvertes d'une peau écailleuse, solide cuirasse contre la dent de l'aspic de Cléopâtre, son corps léger se tient en équilibre parfait. Les doigts sont palmés de leur naissance à la première articulation, afin que l'oiseau ne coure aucun risque si, en marchant dans l'eau, il perd pied tout à coup. Ses larges ailes sont mues par des muscles puissants, tandis que la tête, renversée en arrière sur le corps au moyen du long cou, demeure jointe à la masse et que les longues jambes aident la queue, comparativement courte, à diriger la course de cette nef aérienne. Quand l'oiseau cherche sa nourriture, le cou est ou tendu en avant ou, s'il guette sa proie, rejeté en arrière sur les épaules, prêt à darder, en un clin d'œil, la pointe acérée du bec. Les serpents, les lézards, les poissons, les grenouilles, voilà ses mets favoris : de là le respect que lui portent toutes les nations qu'il vient, voyageur aimé, visiter régulièrement. Pressé par la faim, il pourrait bien manger des crapauds, mais non par goût, évitant très-probablement les âcres mucosités que sécrètent les tubercules de la peau de ce reptile.

Ceux que les beaux jours de l'été appellent sur les bords fleuris des rivières favorisées de la clientèle des canotiers et des marchands de matelottes ont pu voir la séduisante amorce du « POISSON TOUT EN VIE, » appendue à mainte enseigne, trop souvent menteuse comme un bulletin de bataille. Eh bien ! le repas de la cigogne est très-fréquemment un véritable *repas vivant*, et il lui arrive, plus d'une fois, d'éprouver le désagrément d'un dîner par trop *animé*, qui s'efforce d'échapper par une des deux *portes* de son individu. « J'en connais, » dit le digne Johanes Faber, « qui se sont convaincus, de leurs yeux, que les cigognes, quand elles avalent des serpents vivants (comme cela leur arrive parfois), ont l'habitude d'appliquer leur queue contre une muraille jusqu'à ce qu'elles sentent le serpent mort dans leur corps. »

La cigogne blanche dépose, dans son vaste nid, trois ou quatre œufs blancs, légèrement teintés de jaune, d'un ovale allongé par une extrémité, ayant à peu près soixante-quinze millimètres de longueur et un diamètre d'environ cinq centimètres. Les parents nourrissent leurs petits comme font les pigeons : en introduisant leur bec dans ceux des cigogneaux et en y ingurgitant de leur propre estomac les restes, à moitié digérés, de leur dernier repas.

Ceux qui ont laissé la cigogne blanche rôder autour des réserves où le canard sauvage cache son nid savent, à leurs dépens, qu'elle ne restreint pas scru-

puleusement son régime à un poisson, à une grenouille
ou à un serpent. Cet oiseau éminemment moral, dont
la piété filiale est blasonnée dans les livres d'em-
blèmes, où on le représente portant sur ses épaules
son père vénéré ; cet oiseau, tenu pour sacré dans
tant de villes (où, sans doute, les citoyens ont constamment l'œil ouvert sur leur jeune basse-cour), est,
dans son genre, malgré une démarche solennelle, une
sorte de tartufe. Après être resté immobile, dans une
attitude réfléchie, comme s'il était, au-dessus des vani-
tés de ce monde, on l'a vu marcher lentement au bord
du lac avec un air de philosophe contemplatif, et puis
disparaître au milieu des buissons. Avant son départ,
on avait remarqué près du point où il a disparu comme
pour continuer ses méditations loin du regard impor-
tun des hommes, un nid caché, plein d'une gentille
petite nichée de canards sauvages, et puis, d'une façon ou de l'autre, quand le penseur est revenu de la
solitude, on n'a pas tardé à s'apercevoir que le nid
était vide. Ogre emplumé, la cigogne avait l'habitude
de visiter ce nid chaque jour, passant son temps à
attendre que l'incubation fût complète, et, le terme
arrivé, elle avalait chaque petit qui venait d'éclore.

Mais toute créature vivante ne mange que pour être
mangée. A quelque époque qu'on remonte dans les
annales de l'humanité, la cigogne blanche paraît avoir
été tour à tour passée de mode puis recherchée comme
un mets savoureux.

Cornelius Nepos, qui mourut sous le règne de l'em-

pereur Auguste, constate que, de son temps, on regardait les cigognes comme un mets supérieur aux grues.
« Voyez cependant, dit Pline, comme dans notre
siècle, le goût est changé ; personne, si on lui servait
une cigogne, n'y voudrait toucher; mais tout le monde
est prêt à se jeter sur la grue, et il n'est pas de plat
qui soit plus en faveur. »

Horace dit dans sa seconde satire :

> « Tutus erat rhombus, tutoque ciconia nido,
> Donec vos auctor docuit Prætorius. »

Le joyeux Pétrone nous fait entendre tout au long,
dans ses vers stridents, le claquement du bec de l'oiseau :

> « Ciconia etiam grata, peregrina, hospita,
> Pietaticultrix, gracilipes, crotalistria,
> Avis exsul hiemis, titulus tepidi temporis,
> Nequitiæ nidum in caccabo fecit meo. »

Le vieux Belon (1555) rapporte le passage de Pline
avec le commentaire suivant : — « Voulant dire que
les grues estoyent en délices et les cigognes n'estoyent
touchées de personne. » Mais il ajoute : « Maintenant
les cigognes sont tenues pour viande royale. »

On n'en parle pas dans les livres de cuisine de la
Grande-Bretagne. A la vérité, l'oiseau ne vient jamais
régulièrement dans ces îles, et l'on n'y cite que de
rares exemples de sa présence à l'état de liberté, bien
qu'il fréquente le continent européen, la France, l'Al-

lemagne, et aille beaucoup plus au nord, — jusqu'en Russie.

Dans la vieille pharmacopée, qui, il faut l'avouer, contenait de bizarres prescriptions, la cigogne blanche joua un grand rôle. Celui qui en mangeait rôtie ou bouillie pouvait aller à la guerre en toute sécurité, vigoureux et souple soldat. On la regardait encore comme un puissant topique contre les plus cruels des ennemis domestiques, la goutte et la sciatique. Un régime de jeunes cigognes était également efficace dans les maladies d'yeux, et leurs cendres faisaient un collyre infaillible. Pour guérir la paralysie, vous n'avez qu'à prendre une jeune cigogne; vous lui fourrez le bec sous l'aile et vous l'étouffez sous un oreiller; hachez menu, passez les morceaux à l'alambic, recueillez la liqueur distillée, et, après avoir baigné le membre malade avec une décoction de crabes, — sans sel, rappelez-vous bien, — frottez-le de l'essence susdite de cigogne, et continuez alternativement. Si le malade ne guérit pas, c'est qu'il est incurable !

Si vous aviez quelque doute concernant l'efficacité de la jeune cigogne contre la goutte, consultez Leonellus Faventinus, il vous dira qu'une vieille cigogne plumée et qu'on fait bouillir lentement dans l'huile jusqu'à ce que la chair se sépare des os, est tout aussi bonne pour la même maladie, que l'huile de vipère. Prenez une once de camphre avec un dragme du meilleur ambre possible, mettez-les dans le ventre vidé d'une jeune cigogne prise avant d'être en état de voler, distillez, et Andreas Furnerius vous assurera que vous avez un cosmétique plus merveilleux que la Fleur de Circacie ou la Crême de lis.

Pline vous convaincra que l'estomac de l'oiseau était un spécifique contre tous les poisons, et le vieux Belon vient corroborer son opinion. Enfin, pour ne pas vous fatiguer, chers lecteurs, des avis de tous ces sages, nous les résumons en disant que la cigogne équivaut à une pharmacie universelle.

Le précieux oiseau attira l'attention de plus d'une profession. Le jardinier vit son bec et nomma *pelargonium* l'un de ses groupes de plantes favoris; le chimiste le remarqua et fabriqua sa cornue; l'apothicaire tira une lumineuse idée de la pratique de l'oiseau, dans certains cas que nous ne soucions pas da'pprofondir, bien que plusieurs personnes soutiennent que ce fut l'ibis et non la cigogne qui fournit l'idée en question. C'est ici du reste le lieu d'observer que Belon et autres sont d'avis que la cigogne est l'ibis blanc d'Hérodote (Euterpe, 76); mais il faut se rappeler que les modernes, aussi bien que l'admirable historien d'Halicarnasse, reconnaissent avec raison une espèce d'ibis blanche, de même qu'une espèce noire, et il n'est pas moins vrai qu'il existe une cigogne noire aussi bien qu'une cigogne blanche.

La cigogne noire est tout l'opposé de la cigogne blanche, pour les mœurs comme pour la couleur; elle fuit la demeure de l'homme avec autant d'empressement que l'autre la recherche : mais elle se nourrit à peu près de la même manière que la « *ciconia alba*, » avec un penchant plus grand cependant pour le poisson. Les deux variétés sont également friandes d'anguilles et leur dextérité dans ce genre de pêche est très-grande.

Il n'est pas d'hameçon communément en usage pour attraper ce poisson, qui le puisse plus efficacement retenir dans ses crocs que les dentelures du bec entr'ouvert de la cigogne. Une petite anguille n'a aucune chance de salut dès qu'elle est une fois sortie de sa cachette. Mais la cigogne n'engouffre pas immédiatement sa proie comme le cormoran ; au contraire, elle se retire sur la berge, et là démonte sa victime en la frappant et en la secouant dans son bec avant de se hasarder à l'avaler. « Je n'ai jamais vu cet oiseau essayer de nager, dit le colonel Montagu en parlant de la cigogne noire apprivoisée qu'il possédait, mais il marche dans l'eau jusqu'au ventre, et au besoin y plonge toute la tête et le cou après sa proie. Il préfère un endroit élevé pour se reposer ; un vieux saule pleureur, entouré de lierre qui se penche au-dessus de l'étang, est ordinairement ce qu'il choisit pour cela. Dans cet état d'immobilité, le cou est très-raccourci par la manière dont il appuie sur le dos la partie postérieure de la tête, et sur la portion avancée du cou repose le bec que les plumes recouvrent à moitié comme pour le cacher ; tableau d'un fort singulier effet. »

Dans cette attitude, où on peut le voir dans la plu-

part de nos jardins zoologiques, l'oiseau a vraiment
un air profond et la tournure d'un brahmine. Examinez quelques instants le philosophe dans sa pose immobile : le jour est un agréable jour d'été, mais l'aimable brise qui balance mollement les nuages sous
l'azur des cieux ne l'émeut aucunement. On peut toutefois découvrir chez lui un léger mouvement de l'œil
quand vient à voltiger aux alentours un des insolents
moineaux dont toutes les promenades publiques sont
pleines ; mais le reste du corps ne bouge pas. A la fin,
un infortuné nouveau venu passe à portée de l'austère
songeur.Prompt comme la pensée,le bec tranchant est
dardé en avant et — crac ! — le pierrot est saisi et avalé.

La cigogne est un piètre manger. Gesner recom-
mande de faire d'abord bouillir la bête avant de la
rôtir. Il décrit la chair comme étant de couleur rougeâtre, semblable à celle du saumon, et il la trouve
quand à lui bonne et agréable. Mais il ajoute que la
peau est très-coriace. Si on pouvait l'enlever on n'aurait probablement pas besoin de faire bouillir l'animal.
Après tout il ne faut pas discuter des goûts. M. Cameron, dans son voyage à travers l'Afrique équatoriale,
cite des tribus noires qui mangent leurs morts après
les avoir laissé quelque temps se décomposer dans la
terre. Les pécheurs des côtes septentrionales de l'Angleterre tiennent en haute estime le cormoran quand
il a été *enterré* un jour ou deux. Le cormoran est une
merveilleuse combinaison de graisse et d'huile qui,
entre autres fumets, exhale un parfum prononcé de

poisson putréfié. La science culinaire peut assurément
triompher de bien des choses ; il est douteux cependant
que tous les Vatel de la terre parvinssent à enlever à
cet oiseau son goût particulier d'huile rance.

Au bon vieux temps on entendait peu de chose à la
migration des oiseaux, et la disparition annuelle de
certaines espèces avait donné lieu à une foule de
théories étranges. Le savant Danois Pontoppidan admettait comme article de foi que les hirondelles demeuraient sous l'eau tout l'hiver. « Chacun sait, dit-il,
qu'à l'approche de l'hiver, après qu'elles ont un peu
crié à droite et à gauche, ou qu'elles ont, comme on
dit, chanté leur chanson d'hirondelle, elles s'envolent
en troupes et se plongent dans des lacs d'eau douce,
le plus ordinairement au milieu des herbes et des
roseaux, d'où elles ressortent au printemps pour
reprendre leurs anciennes demeures. »

Cette « vérité incontestable » avait été un peu auparavant contestée par Georges Edwards, qui est en
conséquence attaqué avec beaucoup d'acrimonie par
le prélat naturaliste. Il existe sur ce sujet un curieux
petit ouvrage intitulé : *Essai sur la solution probable
de la question : D'où vient la cigogne ?* Ce traité est
une véritable interprétation ornithologique du passage
de Jérémie : « La cigogne dans le ciel connaît son
temps fixe, et la tortue et la grue et l'hirondelle connaissent l'époque de leur venue (ch. VIII, v. 7). »
L'exemplaire que nous avons sous les yeux est mal-

heureusement sans date, mais il est probable qu'il a
été écrit vers 1630. C'est un assez bon échantillon
d'un siècle où, pour expliquer les phénomènes de la
nature, on recourait à la critique biblique et aux spéculations subjectives, de préférence aux phénomènes
eux-mêmes.

L'auteur de l'enquête sur la conduite de la cigogne
est de première force en ce genre d'argumentation. —
Il rejette la croyance populaire rapportée par Pontoppidan. Soyez sûr, dit-il avec beaucoup de raison,
que les hirondelles préfèrent des quartiers d'hiver un
peu plus chauds que la vase des rivières. En outre, si
réellement elles s'abandonnaient à un sommeil aussi
long, est-ce qu'elles ne seraient pas plus tristes et
plus lentes au moment d'aller se coucher? Cependant
c'est tout le contraire, « leur gaieté alors semble indiquer qu'elles ont en vue quelque but plus noble,
qu'elles vont accomplir quelque grand projet. Et puis,
comme les mots de la Vulgate sont *tempus itineris*, le
voyage qu'elles font doit être un voyage assez lointain, et tel ne serait pas le cas si elles allaient seulement se blottir au fond du marais voisin. »

On croirait, en entendant cet argument, que notre
naturaliste touche déjà du doigt le fait scientifique
de la migration. Il n'en est rien. Il ne peut pas s'en
tenir à un compromis si peu savant; le fait est beaucoup trop simple et trop clair pour qu'il l'accepte.
« Je dis donc, reprend-il, que les divers oiseaux qui
exécutent de tels changements et observent des sai-

4

sons fixes *passent et repassent entre cette terre et la
lune.* Ils viennent directement sur nous quand la nature s'offre belle à leurs regards à travers l'atmosphère. » Et cette conclusion, à laquelle l'auteur arrive
par la méthode *a priori*, se trouve, dit-il, vérifiée de
la manière la plus satisfaisante dès qu'on veut bien
prendre la peine de considérer les faits suivants (ad-
mirez comme au dix-septième siècle les faits deve-
naient flexibles et élastiques, et avec quelle bonne
grâce ils se prêtaient aux ingénieuses spéculations
des savants) : « en premier lieu, personne n'a jamais
vu de ces oiseaux sur la terre en dehors de leurs sai-
sons. Or, s'ils ne sont pas sur la terre, où peuvent-ils
être, sinon dans la lune ? En second lieu, leur arrivée
chez nous est si soudaine et si simultanée, qu'ils
doivent se laisser tomber tous ensemble de quelque
région supérieure ; or, quelle autre région leur est
plus propice que la lune ? En outre, leur chair, quand
ils arrivent, est d'une qualité toute différente de ce
qu'elle est plus tard. Les premiers mâles spécialement
n'ont pas de sang,

> « D'une ruche divine ils ont pillé le miel
> Et satisfait leur soif avec le lait du ciel. »

« En d'autres termes, ils ont eu une nourriture
toute particulière pendant leur séjour dans les régions
supérieures. Enfin le texte de Jérémie ne dit-il pas
expressément *dans le ciel?* Ces mots signifient évidemment que la cigogne émigre dans la lune, astre

qui, nous le savons tous, est *dans* le ciel, tandis que notre place est... » (la suite manque dans le texte).

Il faut naturellement trois ou quatre mois aux voyageurs aériens pour accomplir leur voyage, et il y a encore d'autres petites difficultés insignifiantes que la merveilleuse naïveté du dix-septième siècle tranche très facilement. « Il demeure donc évident que la cigogne se rend effectivement et reste dans un des corps célestes, et que ce corps doit être la lune... » C'est le Q. E. D., (*quod erat demonstrandum,*) de l'école.

L'ouvrage de George Edwards sur les oiseaux date du milieu du siècle dernier ; le premier volume parut en 1743. Les doctrines étranges de l'auteur sur la disparition annuelle de certaines espèces sont d'ailleurs extrêmement élastiques, car s'il admet résolûment que les hirondelles et les cigognes émigrent dans la lune, il ne pense pas de même à l'égard des oiseaux de mer de passage ; ceux-ci se tiennent simplement cachés pendant l'hiver.

« Je crois, dit-il, que la plus juste conjecture qu'on puisse faire sur la manière dont ils se cachent et se tiennent à l'abri durant les longs et froids hivers de ces climats, c'est qu'il existe dans les côtes rocheuses de ces îles des cavernes sous marines, dont l'ouverture est assez élevée pour qu'elles offrent une retraite sèche, propre à conserver ces oiseaux dans une espèce de torpeur pendant l'hiver. La mer s'étendant devant la bouche de ces cavernes, et celles-ci ayant

au-dessus d'elles une énorme épaisseur de montagne,
leur capacité intérieure se trouve garantie des froids
rigoureux, circonstance à laquelle ces oiseaux doivent
d'être préservés. A la fin du printemps, le retour du
soleil qui se réfléchit fortement dans l'eau auprès de
la bouche de la caverne peut ranimer ces animaux et
les tirer peu à peu de leur état d'anéantissement jusqu'à leur rendre la vie et le mouvement. »

Telles étaient les idées entretenues par des naturalistes intelligents, il y a un siècle et demi.

Des notions très-curieuses sur la génération de certains oiseaux avaient encore cours à une date relativement récente. Pontoppidan, tout en déclarant qu'il
ne croyait pas, pour son compte, que les canards
« poussassent sur les arbres, » admettait pourtant que
telle était la croyance populaire.

Harrisson n'était pas si défiant, il raconte la chose
en grands détails :

« Si je disais comment ces oiseaux ou d'autres à
peu près de la même espèce sont venus au monde der-
nièrement (car le lieu n'est pas toujours le même,
cela dépend des circonstances) à l'embouchure de la
Tamise, peut-être y a-t-il des gens qui ne me croiraient
pas. Le fait a cependant été observé. On a vu ces
oiseaux naître sur les branches flexibles d'un arbuste
situé près de la côte, et, au moment venu de voler de
leurs propres ailes, tomber dans l'eau salée et vivre,
ou sur la terre sèche et mourir, — ainsi que Pena l'a
également rapporté. »

Mais l'origine de la barnache fut une affaire d'un intérêt bien plus national, en raison des considérations religieuses qui pouvaient s'y rattacher.

« Ni les habitants de cette île, ni ceux d'Irlande, dit Harrisson, ne peuvent dire à coup sûr ci ces oiseaux (les barnaches) sont chair ou poisson, car, bien que les religieux de ces pays aient l'habitude de les manger comme poisson, cependant ailleurs beaucoup de gens ont été inquiétés comme hérétiques pour en avoir mangé en temps prohibé. »

Rien d'étonnant donc que notre auteur ait cherché à s'éclairer sur une question aussi délicate. Malheureusement pour les adeptes de l'*ichthyophagie*, ses recherches ne sont pas très-favorables à la théorie *ichthyologique*.

« Pour ma part, continue-t-il, j'ai désiré très-ardemment savoir comment les barnaches sont procréées, et j'ai questionné là-dessus diverses personnes. Au mois de mai de cette présente année de grâce 1584, allant en bateau de Londres à Greenwich, je vis à l'ancre dans la Tamise plusieurs navires revenant de Barbarie ou des îles Canaries. Sur les flancs de ces navires j'aperçus une quantité de coquillages telle qu'ils se touchaient entre eux. Notre bateau s'étant approché, j'en pris dix ou douze des plus grands, et, les ayant ouverts, je vis dans l'un d'eux, plus parfait que dans tous les autres, l'embryon d'un oiseau. Certainement les plumes de la queue dépassaient la coquille d'au moins deux pouces.

4.

Les ailes (presque parfaites quant à la forme) étaient garanties par deux parois bien adaptées ; la poitrine avait aussi une couverture de la même substance que la coquille. Cet oiseau ressemblait à la figure qu'en donnent Lobell et Pena. De sorte que je suis persuadé que c'est la barnache, ou quelqu'autre oiseau de mer encore inconnu chez nous, qui est ainsi engendrée dans ces coquillages. Car aux plumes apparentes et à la forme de l'animal on ne saurait nier qu'un oiseau quelconque ne procède de cette substance, et il se peut qu'en tombant des flancs des navires dans les longs voyages, il finisse par se compléter [1]. »

Les *euphuistes*, entre autres méfaits, inventèrent un nouveau système d'histoire naturelle. Par une double trahison contre la science et contre la langue, ne pouvant pas trouver, dans le monde véritable, de faits assez absurdes pour correspondre à leurs idées étranges, ils créaient le fait pour avoir un objet de comparaison.

A défaut d'*Euphues* on pourrait écrire, avec l'*Ornithologie de Lily*, un article intéressant autant que curieux sur les mœurs de certaines espèces d'oiseaux. Lily, le coryphée de cette secte *précieuse* (que Walter Scott a mise en scène dans son roman *le Monastère*), était le principal coupable, mais toute la bande a été complice, jusqu'à Stephen Gosson, qui,

---

1. Harrisson. *Description of England.*

en sa qualité de puritain, aurait dû être moins cré-
dule.

« Aristote pense, dit ce dernier (dans *The School
of abuse*), que, pendant les grands vents, les abeilles
portent de petites pierres dans la bouche pour lester
leur corps afin de ne pas être emportées ou retenues
hors de leurs ruches. La grue se repose, dit-on, sur
une patte et tient dans l'autre un caillou. Quand le
sommeil vient gagner l'oiseau, le caillou en tombant
à terre fait du bruit et l'éveille, et voilà comment la
grue est toujours sur ses gardes à l'approche de l'ennemi. Les oies sont de sots oiseaux, cependant quand
elles volent au-dessus du mont Taurus, elles font
preuve de grande sagesse pour ce qui est de leur sûreté personnelle, car elles s'emplissent le gosier de
gravier pour s'empêcher de crier, et grâce à ce si-
lence, elles évitent les aigles. »

Sir Thomas Browne a pris cette singulière ornithologie à partie dans son charmant livre *Pseudodoxia
epidemica,* où il la discute avec la gravité naïve qui
lui est propre. Le chant de mort du cygne est, il l'admet, une croyance d'une grande antiquité, mais qui
ne repose sur aucune autorité suffisante. « Ce n'est
pas cette musique qui guérira jamais, dit-il, l'individu
piqué de la tarentule. »

Leland, dans son *Itinéraire,* essaye d'arranger la
chose. « L'esprit de l'oiseau mourant, dit-il, dans ses
efforts pour franchir le long et étroit passage du cou
de l'animal, fait un bruit comme si celui-ci chantait

en effet. » La vieille histoire du chant du cygne est venue sans doute de la construction remarquable du conduit respiratoire de l'oiseau. Cet organe, très-peu approprié à l'instrumentation musicale, comme l'a prouvé M. Yarrel, est bien plutôt fait, ainsi que sir Thomas Browne le suppose, « pour contenir une plus grande quantité d'air, afin que l'oiseau puisse rester plus longtemps la tête submergée quand il va chercher sa nourriture au fond de l'eau. »

Croire que les cicognes ne vivent que dans les républiques ou dans des États libres est une autre hérésie scientifique que sir Thomas Browne, malgré toutes ses antipathies aristocratiques, ne parviendra jamais à défendre. Le prophète Jérémie, dans le passage cité plus haut, parle de la cigogne, et Jérémie cependant vivait sous un gouvernement monarchique. Naturellement, si la cigogne manifestait les opinions radicales qu'on lui impute, le prophète n'aurait pas pu faire sa connaissance et ne l'aurait pas présentée sous des couleurs aussi flatteuses.

Dire de la chair du paon qu'elle ne se corrompt pas est un préjugé qui ne souffre pas même la discussion, mais dire que « le paon est honteux de ses pieds, » c'est une calomnie contre le Créateur et la créature. — Si le lecteur veut des réfutations plus détaillées de ces hérésies ornithologiques et autres semblables, qu'il recouvre au livre lui-même. Le charme particulier de l'ouvrage consiste surtout en ce que les explications de son très-respectacle auteur sont souvent

plus étranges et plus surannées que les fictions auxquelles il s'attaque. Il savait assez bien voir par où
péchaient les choses ; mais, avec ses théories singu-
lières, il se jetait parfois dans des aberrations plus
grandes que s'il se fût contenté d'accepter simplement
« l'erreur vulgaire. »

L'ADJUDANT.

La famille des cultrirostres possède parmi ses
membres une autre créature emplumée non moins
étrange, non moins bizarre que la cigogne blanche et
la cigogne noire, un échassier au long cou surmonté
d'une tête charnue, rugueuse, pourvue d'un énorme
bec, tantôt marchant avec une dignité comique, tantôt se tenant debout sur une ou deux jambes-échasses
avec un air de gravité aviné, puis s'asseyant sur
toute la longueur de ces jambes étendues, et se reposant, comme on vient de voir que faisait la *ciconia
nigra*. Il y a maintenant près d'un siècle que cette
singulière bête fut présentée aux ornithologistes
d'Europe. On la nommait d'abord communément « adjudant, » titre qu'on lui donnait à Calcutta. Le docteur
Latham, dans son Tableau général synoptique, décri-
vit le premier cet adjudant du Bengale, — l'argala
des naturels, — sous le nom de « grue gigantesque. »
Mais, à vrai dire, il n'y a pas moins de trois espèces
de ces dignitaires, formant un groupe naturel de ci-

gognes monstrueuses, non-seulement respectées
comme la cigogce blanche à cause des services
qu'elles rendent à l'homme, mais encore estimées pour
leurs belles plumes appelées « marabouts, » du nom
donné au Sénégal à l'espèce africaine.

Temmink, dans ses *Planches coloriées*, a très-bien,
fait sentir la différence entre le marabout d'Afrique
l'argala du continent asiatique, et l'espèce insulaire,
— probablement le bourong-cambin ou bourong-ou-
lar de Marsden, — qui habite Java et les îles avoisi-
nantes. L'espèce javanaise que distingue le docteur
Horsfield, est sans doute la même que celle de Su-
matra.

Inférieurs aux vautours seulement dans la voracité
avec laquelle ces boueurs emplumés font leurs aliments
des substances les plus dégoûtantes, les adjudants et
les marabouts sont à l'abri de toute persécution et se
promènent tranquillement parmi les habitations des
hommes, comme étant les destructeurs privilégiés
de tous les détritus et immondices. La charogne, les
viandes et les os, toute chose enfin qui peut offenser
l'odorat ou la vue, entre dans la panse omnivore du
« Grand-Gosier, » du « Mangeur d'os, » du « Charognard, »
du « Ramasseur de Carcasses, « comme, en certains
endroits, on nomme ce vorace utilitaire. Les serpents,
les lézards, les grenouilles, les petits quadrupèdes et
les oiseaux ont peu de chance de salut quand ils tombent sur son chemin ; et comme le volume du dévo-
rant exige un ample approvisionnement, sa con-

sommation d'êtres vivants ou morts est énorme.

« Mais pourquoi, nous demanderez-vous, a-t-on appelé cet oiseau « adjudant ? » il a plutôt l'air d'un vétéran. »

D'accord ; mais sans parler de sa démarche grave et solennelle, regardez-le de loin et reportez-vous, par les gravures du temps, aux anciens uniformes de l'armée britannique: « Je me suis laissé dire, écrit Lathan, que l'oiseau a reçu ce dernier nom d'adjudant à cause de sa ressemblance, quand on le regarde de face et à distance, avec un militaire en gilet blanc et en culottes blanches. »

Perchant très haut et volant à une hauteur considérable, de manière à donner à son regard une immense portée pour apercevoir à terre quelque charogne à enlever, cette espèce de cigogne est douée d'une vue perçante et possède de robustes ailes pour l'aider à se maintenir dans l'air. Une poche cervicale ou sternale, plus ou moins développée dans chaque espèce, pend de plus de 30 centimètres chez l'argala, mais beaucoup moins chez le marabout. Cette poche, ainsi que la peau derrière la tête, peut s'enfler à la volonté de l'oiseau et toutes deux, assurément, contribuent à la légèreté de son vol. De son haut perchoir, il regarde en bas, comme un bandit des montagnes du haut de son rocher. Voici, à ce propos une dernière histoire :

De presque toutes les créatures vivantes, on peut faire des favoris domestiqués, et Smeathman eut l'occasion de voir un marabout qui était arrivé à ce rang élevé. Perché au haut des cotonniers, l'oiseau restait immobile jusqu'à ce qu'il découvrit du plus loin les domestiques apportant les plats du diner. Il descendait alors et prenait place derrière la chaise de son maître. Mais il n'était pas facile de tenir au repos une aussi fâcheuse machine que son énorme bec, en présence de tant de bonnes choses, et les domestiques étaient armés de badines pour l'empêcher de se servir lui-même. Cependant, malgré leur vigilance, de temps en temps, un oiseau rôti disparaissait tout entier du plat et s'engloutissait d'une seule goulée dans l'immense gosier du favori.

Les jabirus (mycteria), dont on compte trois espèces, — en Asie, dans l'Amérique du Sud et dans l'Australie, sont étroitement liés à la famille des cigognes et particulièrement au genre gigantesque que nous nous avons essayé d'esquisser. Le jabiru du Sénégal a le bec rouge à la pointe, noir au milieu, avec deux petites pendeloques charnues à la base, les jambes vertes, les articulations roses, le plumage blanc, la tête et le cou noirs.

III

L'HIRONDELLE.

Un dessin grec antique, reproduit par la gravure et bien connu des archéologues, représente trois personnages. Celui de gauche est un jeune homme à la fleur de l'âge, qui s'écrie en montrant un oiseau au-dessus de sa tête : « Voilà une hirondelle ! » Le personnage du milieu est un homme mûr ; assis comme le premier, il vient de lever la tête, et répond : « Par Hercule ! c'est vrai ! » — « La voici ! » dit au même instant un enfant debout, le doigt dirigé vers l'oiseau bien-aimé. Puis, comme corrolaire à ce qui précède, le plus âgé des trois reprend : « Le printemps est venu. » Cette scène se retrouve à peu près dans ces mots d'Aristophane : Σκεψαςθαι παιδες [1].

Wilson dit de l'hirondelle de grange de l'Amérique

1. *Les chevaliers.*

5

(*Hirundo rufa.* Gon. *H. americana.* Wilson) : « Dès
qu'elle paraît, nous saluons sa venue avec joie, comme
l'avant-courrière du printemps fleuri et la compagne
des chauds étés ; et quand, après les gelées d'un hiver
rigoureux, on vient nous annoncer le retour des hirondelles, combien d'idées fraîches et gracieuses découlent de cette simple nouvelle ! » Le cœur humain battait de la même émotion dans la poitrine de l'ancien
Grec et dans celle de l'Américain moderne.

L'oiseau américain a dix sept centimètres de long
et trente deux centimètres d'envergure. Le bec est
noir ; la partie supérieure de la tête, le cou, le dos et
la naissance de la queue sont d'un bleu métallique qui
descend et contourne la poitrine. Le tour du bec est
marron foncé, le dessous des ailes et le ventre marron
clair. Les ailes et la queue sont d'un noir rougeâtre
ou couleur suie, avec des reflets verts. La queue se
bifurque profondément, car les dernières plumes la-
térales sont de quatre centimètres plus longues que
les plumes voisines et se terminent en pointe. Chaque
plume, à l'exception des deux du milieu, porte sur le
côté interne une marque blanche oblongue. Les yeux
sont brun foncé, les coins du bec jaunes, et les jambes
rouge brun. Voilà pour le mâle.

La femelle diffère de celui-ci en ce qu'elle a le
ventre blanchâtre, légèrement pommelé, et que les
dernières plumes de sa queue sont moins longues que
celles du mâle.

Ces oiseaux mettent à peu près une semaine à cons-

truire leur nid, qu'ils commencent dès les premiers
jours de mai. C'est un cône renversé, partagé per-
pendiculairement sur la face adhérente au bois. Le
bord supérieur s'évase comme une sorte de balcon où
se repose à l'occasion le mâle ou la femelle. Il a, par le
haut, de douze à quinze centimètres de diamètre, et sa
hauteur extérieure est de dix-sept centimètres. Les
parois, d'environ vingt cinq millimètres d'épaisseur,
sont faites de boue mêlée à du foin très-fin, comme
les maçons mêlent du crin à leur mortier pour le
rendre plus adhérent. Ce mélange semble avoir été
posé par couches régulières. L'intérieur du cône
est tapissé de menu foin bien cardé, sur lequel est
placée une poignée de larges plumes d'oie très-duve-
teuses. Sur ce lit moelleux reposent cinq œufs marqués de petites taches brunes rougeâtres. Le léger ton
de chair qu'on voit répandu sur l'œuf vient de la transparence de la coquille.

Le 16 mai, étant à la chasse sur le sommet du pont
Pocano, dans le Northampton, alors que la glace, ce
matin-là et les jours suivants, avait plus de six millimètres d'épaisseur, Wilson remarqua avec surprise
un couple de ces hirondelles qui avait élu domicile
dans une misérable cabane. Le soleil venait de se
lever, la gelée blanchissait le sol, et le mâle, perché
sur le toit, à côté de sa femelle, gazouillait et chantait
avec une gaîté parfaite. Le propriétaire du lieu raconta
au chasseur naturaliste que, chaque saison, un seul
couple venait régulièrement bâtir son nid sur une

poutre qui s'avançait sous la gouttière, à deux mètres
environ de terre. Au bas de la montagne, dans une
dépendance d'une taverne, Wilson compta vingt nids
paraissant tous occupés. « Jamais, dit-il, je n'ai rencontré d'hirondelles dans les bois ; mais, dès qu'on
approche d'une ferme, on en voit un grand nombre
remplissant l'air de leurs évolutions et de leurs cris.
Il n'est pas une grange qui n'ait son nid d'hirondelles,
et, comme le préjugé populaire est généralement favorable à ces oiseaux, on les dérange rarement. »

Le propriétaire de la grange dont nous venons de
parler, un Allemand, assura à Wilson que l'homme
qui laisserait tuer une hirondelle verrait le lait de ses
vaches tourner en sang, et que la grange où nichent
ces oiseaux n'a jamais à redouter la foudre. « — Je
feignis de le croire, ajoute l'aimable et gracieux écrivain ; chaque fois que la superstition tourne au profit
des sentiments généreux, on peut bien la respecter. »

Tout le monde connaît l'hirondelle de cheminée
(*Hirundo pelasgica*. Linn.) Le bruit que font les oiseaux
lorsqu'ils montent et descendent dans les tuyaux ressemble au grondement lointain du tonnerre. Dans les
années de pluies abondantes et continues, le nid se
détache de la muraille. Quand ce malheur arrive pendant la période d'incubation, les œufs sont naturelle
ment détruits dans la chute ; mais la prévoyante
nature a pourvu à la sûreté de la nichée, si le désastre
arrive avant qu'elle soit en état de voler. La puissance
musculaire des pattes chez les petits et la force de

leurs ongles aigus est remarquable, même avant qu'ils
voient clair; surpris par leur chute, les infortunés
s'agrippent à la muraille, s'y cramponnent comme des
écureuils, et, dans cette situation, ils sont souvent
nourris par leurs parents pendant une semaine et plus.

M. Churchman, correspondant de Wilson, vit un soir
plus de deux cents hirondelles entrer dans un tuyau
de cheminée. Un chat vint sur le toit et se plaça près
de l'orifice, où il essaya, mais en vain, de prendre les
oiseaux au passage. Son peu de succès lui fit chercher
une autre embuscade, et il prit position sur le faîte
même du tuyau. Les oiseaux intrépides continuèrent
leurs spirales descendantes, sans paraître faire aucune
attention à leur ennemi et malgré ses efforts pour les
attraper. « Je fus heureux, ajoute le bon M. Churchman, de voir que tous échappèrent à ses griffes. »

Wilson, qui était un observateur scrupuleux, dit
qu'il n'a jamais vu les hirondelles hanter les cheminées de cuisine, où l'on fait du feu l'été. Si elles y
entrent, ce n'est que pour les explorer ; car il remarqua qu'elles en ressortent immédiatement dès qu'elles
y trouvent du feu et de la fumée.

Parlons maintenant du « martinet pourpré (*H. purpurea*. Linn, *Pogne purpurea* Boie), » variété appartenant plus particulièrement aux États-Unis d'Amérique. Pour cet oiseau bien-aimé, on place des boîtes
en dehors des maisons. C'est dans ces logements con-
fortables qu'il dépose quatre œufs blancs, sans tache
et très-petits relativement à sa taille.

Du reste, il paie bien l'hospitalité qu'on lui donne. « Le martinet pourpré, dit le même auteur, M. Churchman, comme son parent l'alcyon, est la terreur des corbeaux, des faucons et des aigles : partout où ils se montrent il les attaque avec une audace et une vigueur telles qu'ils sont forcés de prendre la fuite. Ce fait est si bien connu des petits oiseaux et des volatiles domestiques, que, dès qu'ils entendent la voix du martinet engagé dans un combat, chez eux l'alarme et la consternation sont au comble. C'est un étonnant spectacle que de voir avec quelle ardeur et quelle témérité cet oiseau attaque et harcèle le faucon et l'aigle. Il donne aussi à l'occasion quelques bonnes leçons à l'alcyon, quand il le trouve trop près de ses domaines, bien qu'en tout temps il s'unisse à lui pour attaquer l'ennemi commun. »

Lord Byron mangeait rarement de viande, si tant est qu'il en mangeât jamais. Assis un jour en face de Thomas Moore, qui dévorait à belles dents un savoureux beefsteak, il lui demanda si un pareil régime ne e rendait pas sauvage. La stimulante nourriture du martinet pourpré diffère de celles des autres hirondelles d'Amérique : les guêpes et les libellules sont ses mets favoris. Wilson trouva quatre de ces derniers insectes dans l'estomac d'un martinet.

Mais, quelque grande que soit la tentation, laissons là les autres variétés de l'hirondelle américaine pour revenir à celle de nos climats, à notre propre hirondelle.

Élien et Plutarque déclarent que la mouche et l'hirondelle sont les seuls animaux qui ne puissent être apprivoisés. A ces deux êtres rebelles à l'éducation, Pline ajoute l'espèce des souris et des rats.

Ce n'est point ici le lieu de discuter si, en raison des temps, les hirondelles sont devenues plus civilisées et plus dociles, ou bien si l'homme est parvenu à une plus grande perfection dans l'art d'apprivoiser les animaux; mais, ce qu'il y a de certain, c'est que, dans la servitude, les hirondelles deviennent très-familières, et que c'est aux observations faites en pareilles circonstances que nous devons de savoir que leur mue arrive en janvier et février.

En septembre 1800, le révérend Walter Trevelyan adressa de Long-Witton, dans le Northumberland, à l'éditeur des « *Oiseaux de la Grande-Bretagne*, de *Bewick* (« Bewick's British Birds »), une lettre où se trouve le récit suivant, modèle de simplicité, de grâce et de clarté :

« Il y a environ deux mois, écrit le digne pasteur, qu'une hirondelle tomba dans l'une de nos cheminées. Elle avait presque toutes ses plumes et put voler au bout de deux ou trois jours. Les enfants voulurent essayer de l'élever, ce à quoi je consentis dans la crainte de la voir abandonner par ses parents. Comme elle n'était point du tout effrayée, ils y réussirent sans difficulté, car elle ouvrait le bec pour recevoir les mouches autant qu'ils pouvaient lui en fournir, et elle obéissait régulièrement au sifflet pour venir prendre ses repas. Quelques

jours après, une semaine peut-être, ils prirent l'habitude de l'emporter avec eux dans les champs, et à
mesure que chaque enfant attrappait une mouche et
sifflait, le petit oiseau allait de l'un à l'autre chercher
sa proie. Souvent il s'élevait dans l'air et volait autour
d'eux, mais il descendait toujours au premier appel,
malgré les constants efforts que les hirondelles sauvages faisaient pour le séduire. Elles se mettaient,
plusieurs à la fois, à voler en tous sens autour de lui
pour tâcher de l'emmener, quand elles le voyaient
sur le point de s'abattre sur les doigts que lui tendaient
les enfants avec quelque appétissant morceau. La
plupart du temps. lorsqu'ils allaient loin dans la campagne, l'oiseau venait se poser sur eux, même sans
qu'ils l'appelassent. »

Quel charmant tableau d'innocence et de douceur,
rehaussé encore par l'anxiété des vieilles hirondelles
et leurs efforts pour éloigner le petit favori de ces
êtres qu'elles regardaient sans doute comme autant
de jeunes ogres ! Il est vrai que les mouches, victimes
de l'hirondelle, viennent bien jeter quelques ombres
sur l'effet général ; mais poursuivons le récit.

« Jamais notre petit hôte ne fut retenu prisonnier
dans une cage ; il allait librement dans l'appartement,
partout où étaient les enfants et jamais ceux-ci ne
sortaient sans l'emmener avec eux. Il se posait parfois sur leurs mains ou sur leur tête, attrappant lui-
même les mouches au passage, ce qu'il finit par faire
avec une grande habileté. A la fin, trouvant que le

soin de sa nourriture leur prenait trop de temps, car il était insatiable (je suis persuadé qu'il mangeait de huit cents à mille mouches par jour), ils le mirent dehors deux ou trois heures durant, fermant les fenêtres pour l'empêcher de rentrer afin qu'il apprît à chasser tout seul, ce qu'il fit bientôt.

« Cependant il n'en resta pas moins apprivoisé ; il répondait toujours à leur appel, et, de son propre mouvement, il venait à eux par la fenêtre plusieurs fois par jour. Il perchait toujours dans leur chambre et il n'a cessé de le faire que depuis une dizaine de jours. Il se posait constamment sur la tête des enfants jusqu'à ce qu'ils se missent au lit. Les mouvements de l'enfant, la marche même ne le dérangeaient aucunement, et il restait là parfaitement tranquille, la tête sous son aile, jusqu'à ce qu'on le mît, pour la nuit, dans quelque coin bien chaud, car il aimait beaucoup la chaleur. »

Mais les soins délicats qu'on prit pour éloigner l'oiseau familier de ses petits amis produisirent leur effet.

« Il y a maintenant quatre jours, dit en terminant le digne M. Trevelyan, qu'il n'est venu coucher à la maison, et, bien qu'alors il ne montrât aucun symptôme de crainte, il est cependant devenu évidemment moins privé, puisqu'il ne vient plus au sifflet se poser sur la main. Il ne nous visite pas non plus comme autrefois, mais il se fait reconnaître néanmoins par son gazouillement et sa manière de voler tout près de

5.

nous. Pendant à peu près six semaines, rien ne pouvait surpasser sa familiarité, et je ne doute pas qu'il
n'eût continué si nous ne l'avions laissé le plus possible à lui-même, de peur de le voir devenir si complétement privé qu'il restât ici au temps de la migration et que, dans l'hiver il ne mourût par conséquent
de froid et de fain. »

Ainsi se termine cette charmante histoire. Mais
l'oiseau ne serait pas mort pour être resté ; car, bien
que le fait soit rare on cite quelques cas d'hirondelles
privées, ayant été gardées dix-huit mois et même deux
ans.

Wilson à prouvé que l'hirondelle de grange de
l'Amérique peut s'apprivoiser facilement, et il a remarqué qu'elle devient aussi excessivement douce et
familière. Il en a souvent gardé dans sa chambre plusieurs jours de suite. Elles passaient leur temps à
attraper les mouches ; elles venaient les saisir sur ses
habits et sur ses cheveux, et elles appelaient de temps
en temps lorsqu'elles voyaient passer devant les
fenêtres quelques-unes de leurs anciennes compagnes·

Mais, en somme, c'est chose délicate, que de domp-
ter le caractère d'un être si essentiellement libre.
Examinez l'oiseau : voyez la ténuité de ses jambes et
de ses pattes ; voyez comme toute sa structure est
approprié à l'existence aérienne ! Quel prodigieux développement des ailes ! Quels muscles puissants pour
en mouvoir le mécanisme et faire que l'oiseau plane
des heures entières et sillonne l'espace en tous sens

avec la rapidité et la variété d'évolutions que réclame
la course bizarre de sa proie ! A peine si l'œil peut le
suivre. En fait de vélocité, Virgile et Aristote n'ont
pas trouvé de meilleur exemple à citer que le vol de
l'hirondelle.

On peut se figurer l'innombrable multitude d'insectes que détruit un couple d'hirondelles pour nourrir
ses petits, quand on songe à l'immense quantité de
mouches absorbées journellement par l'oiseau privé
de M. Trevelyan. Théocrite, le poète de la nature, a
consigné cette remarque dans sa xive idylle.

La fable s'est aussi emparée de l'hirondelle, et les
vers et la prose ont célébré les infortunes des filles
de Pandion. Il y a même, sur cet oiseau certaines histoires racontées avec une évidente bonne foi, qui ne
laissent pas d'être amusantes : celle, par exemple, où
Pline nous montre des digues construites tout entières
par des hirondelles pour parer aux inondations du
Nil. C'est sans doute en récompense de si grands services que, toujours selon Pline et Élien, l'oiseau avait
le don de ne jamais perdre la vue. On pouvait lui
crever les yeux impunément, il lui en repoussait
d'autres à mesure.

Il paraît que jadis la *blatte* était un insecte aussi
pernicieux pour les œufs et les petits des hirondelles
que, suivant les *Géorgiques*, il l'était pour les abeilles.
Quand la blatte faisait invasion dans un nid d'hirondelles, vite les parents alarmés se précipitaient sur
une touffe de persil et en coupaient quelques tiges

dont ils revenaient tapisser leur domicile. Les insectes
envahisseurs se hâtaient alors de déguerpir, et pas un
n'osait montrer sa tête tant que la plante dentelée
gardait la place. Voulez-vous vous en convaincre ?
Ouvrez Élien.

Mais si cette histoire de persil vous a trouvé incré-
dule, — et pourquoi refuser au persil la vertu de
chasser la blatte ? — écoutez, s'il vous plaît, la longue
liste des maladies que guérissent ces hygiéniques
créatures. La cendre de jeunes hirondelles, par exemple, mais d'hirondelles d'eau, remarquez bien, est un
remède infaillible et souverain contre l'esquinancie
mortelle. — Voulez-vous triompher de la fièvre quarte ?
mangez un petit tout entier ; ou bien, s'il vous répu-
gnait de manger tout l'oiseau, prenez seulement les
cœurs de toute la nichée, hachez-les dans du miel et
avalez le tout ; à moins que vous ne préfériez un
drachme du contenu de leur estomac dans du lait de
chèvre ou de brebis pris avant le quatrième accès. —
Sentez-vous votre mémoire s'affaiblir ? faites-vous
une potion de cœurs d'hirondelles, de cannelle ou de
girofle, et vous verrez vos facultés briller d'un lustre
nouveau. — Du sirop d'hirondelle pris à jeun, de la
chair d'hirondelle pour régime constant et des cendres
d'hirondelle mêlées à la boisson, voilà, pour les épi-
leptiques, un traitement aussi infaillible que tous les
remèdes secrets de nos jours. La faiblesse de la vue,
les ophthalmies, les amygdalites sont les moindres
des maux qui cédaient aux préparations d'hirondelle .

Rien de bon comme leurs nids contre l'angine, rien
de supérieur à leur sang contre la goutte.

En outre, on trouve dans l'intérieur des petits, en
les disséquant, certaines pierres que vous verrez figurer, lecteur, dans la *Metallotheca Vaticana* de Michaël
Mercati. Ces pierres ont la propriété de guérir les
maladies de foie, pour peu qu'on les suspende au bras
droit du malade. Quant à celles qu'on ramasse dans le
nid, elles préservent leur possesseur de toute espèce
de rhume. Pour ce qui est des soins extérieurs de la
toilette, l'homme qui, contre l'ordinaire, voudrait an-
ticiper sur les ans, et le *ci-devant jeune homme* qui
cherche à ressaisir les années écoulées, verront leurs
désirs s'accomplir infailliblement s'ils veulent l'un et
l'autre se soumettre au traitement hirundothérapique
de Galien et de Marcellus Kiranides. En cas d'insuccès,
il faudrait s'en prendre aux auteurs susnommés, à
Pline, à Celse, à Jacob Olivarius, à Jérôme Montuus
et autres savants médecins de l'antiquité et du moyen
âge.

Mais, sérieusement, quoi qu'on puisse penser des
nombreuses propriétés médicales que les anciens
accordaient à l'hirondelle, il n'est pas permis de révo-
quer en doute la présence dans le corps des jeunes
oiseaux ou dans leurs nids, de ces petites pierres,
lapilli, mentionnées par Galien et autres, qu'autrement
on ne verrait pas figurer dans un ouvrage comme la
Metallotheca Vaticana. L'explication probable de ce
phénomène, c'est que, pour aider la digestion de leurs

petits, les parents leur donnent de temps en temps des doses de sable et de gravier, qui, par la cohésion, peuvent bien former ces pierres que rejettent les oiseaux ou qu'on trouve dans leur corps.

Ceci ressemble fort à une dissertation, et bien des lecteurs seront tentés, sans doute, de laisser là nos feuillets en pensant aux nombreuses espèces d'hirondelles qu'il nous reste à examiner ; mais qu'ils se tranquillisent : quelqu'intéressante que soit l'histoire de ces oiseaux, nous ne parlerons plus que d'une seule espèce d'hirondelle, si toutefois on peut l'appeler ainsi.

L'hirondelle de bois, *artamus sordidus,* le *bewowen* des aborigènes des plaines et des montagnes de l'Australie occidentale, et l'*ouorle* de ceux des îles de la Sonde, est aussi chérie des habitants de cette cinquième partie du monde, que l'hirondelle proprement dite l'est des Européens. Aucun oiseau n'a soulevé plus de discussions chez les ornithologistes à systèmes. Latham en a fait une grive, Cuvier un *ocypterus,* et Wayler un *leptopterix.* Les colons de l'Australie ont été aussi bien inspirés en lui donnant le nom qu'il porte aujourd'hui parmi eux.

M. Gould attribue à cet oiseau des mœurs douces ; il choisit sa demeure et bâtit son nid près des maisons, surtout de celles qu'entourent des enclos et des pâturages bordés de grands arbres. C'est, ainsi que ce hardi voyageur et savant ornithologiste l'a remarqué le premier, au commencement du printemps, à la Terre

de Van Diémen. L'espèce y était très-répandue au
nord du Derwent. Chaque arbre recélait une douzaine
de ces oiseaux, toujours perchés par groupes de quatre
ou cinq sur la même branche morte. Néanmoins leur
nombre n'y était pas tellement grand qu'il pût être
comparé à des bandes proprement dites. Chaque oiseau
paraissait doué d'une volonté particulière, indépendante de celle du voisin. Chacun, individuellement
et à mesure que le besoin le poussait, ou s'élançait de
sa branche à la poursuite d'un insecte, ou tournoyait
au-dessus de l'arbre pour revenir ensuite occuper le
même poste.

Cette habitude semble indiquer quelque parenté avec
le gobe-mouche. Mais pour en revenir à M. Gould et le
suivre dans ses observations, le naturaliste américain
a remarqué que, pour s'enlever, l'oiseau fait mouvoir
chaque aile l'une après l'autre, et donne à sa queue
une inclinaison oblique avant de prendre l'essor. Il en
a souvent vu quelques-uns rester perchés sur la haie
de l'enclos où ils se précipitaient de temps en temps,
comme font les étourneaux, pour y chercher des coléoptères et autres insectes. « Ce n'est pourtant pas,
ajoute-t-il, dans cet état de tranquille immobilité que
cet oiseau gagne à être vu ; ce n'est pas non plus à
cette existence contemplative qu'il semble destiné
spécialement; car, bien que sa structure le rende plus
propre que d'autres à vivre indifféremment à terre,
sur les arbres ou dans l'air, la forme de ses ailes
dénote une affinité particulière entre l'espace et lui.

« Aussi, continue le judicieux voyageur, quand il
est à la poursuite des insectes qu'une douce chaleur
fait sortir de leurs cachettes pour se jouer dans
les ramures feuillues et contempler de plus haut la
splendeur d'un beau jour c'est dans ces courses
aériennes que, sillonnant l'air en tous sens avec une
incomparable grâce, et déployant au vent les plumes
blanches et noires de sa queue, cet oiseau magnifique
étale aux yeux de l'amateur sa beauté véritable. »

Mais une autre habitude singulière, que cependant
M. Gould n'a pas remarquée, et que M. Gilbert, son
collaborateur, a observée à la rivière des Cygnes,
c'est cette manière bizarre de se réunir et de se sus-
pendre en groupes comme un essaim d'abeilles.

« Quelques oiseaux, dit-il, s'accrochent à une
branche morte, et le reste de la troupe vient s'attacher
aux premiers, en si grand nombre qu'on en a vu former des grappes de la grosseur d'un boisseau. »

Cette manière de se grouper est également commune aux hirondelles d'Europe. Sir Charles Wager
raconte qu'un jour de printemps où il faisait des
études de sondage dans le canal de la Manche, une
énorme quantité d'hirondelles vint s'abattre sur tous
les agrès de son bâtiment. « Il n'y avait pas, dit-il, un
cordage qui n'en fût couvert. Elles se tenaient suspendues l'une à l'autre comme un essaim d'abeilles ; le
pont en était rempli, ainsi que toutes les saillies du
navire. Elles paraissaient épuisées de fatigue et de
faim, et n'avaient que les plumes et les os ; mais la

nuit répara leurs forces et elles s'envolèrent toutes le matin. »

Les pauvres voyageuses se dirigeaient évidemment sur le Nord et avaient dû traverser la France.

M. Gould rencontra en très-grand nombre l'hirondelle australienne des bois dans la ville australienne de Perth, jusqu'au milieu d'avril environ. Puis elle disparut tout à coup et il n'en revit qu'à la fin du mois suivant, mais en troupes innombrables, volant de compagnie avec l'hirondelle commune et le martinet, au-dessus d'un lac situé à une vingtaine de kilomètres de la ville. Il y en avait une quantité telle que, comme un nuage épais, elles faisaient ombre sur le lac.

La voix de cet oiseau ressemble beaucoup, dit-il, à celle de nos hirondelles, mais elle est bien plus perçante. Selon le même auteur, il a l'estomac musculeux et vaste et se nourrit généralement d'insectes.

M. Gould ajoute qu'à la Terre de Van Diémen on peut strictement le classer parmi les oiseaux émigrants. D'après ses observations, il y arrive en octobre, qui est le premier mois de l'été en Australie, et, après avoir fait au moins deux couvées, il repart en novembre pour les contrées du Nord. Il en reste quelques-uns tout le long de l'année, répandus sur le continent, dans toutes les localités favorables à leurs habitudes. Le nombre de ces derniers se règle sur la quantité d'insectes qui peuvent fournir à leurs besoins. Une remarque du même naturaliste, c'est que ceux de la rivière des Cygnes, de l'Australie méridionale et de la Nouvelle-Galles du Sud, ne présentent aucune différence pour la taille et la couleur, tandis que ceux de la terre de Van Diémen sont toujours plus grands et de couleur plus foncée.

Généralement, c'est de septembre à décembre qu'arrive pour ces oiseaux la saison de l'incubation. La situation de leurs nids varie singulièrement. Les uns seront cachés dans le feuillage épais d'un buisson, tout près de terre ; d'autres seront installés sur des branches dépouillées de feuilles, ou attachés à des troncs d'arbres, dans les trous de l'écorce et dans cent autres endroits. Le nid lui-même est assez simple, de forme ronde, ayant douze ou treize centimètres de diamètre et fabriqué de petites branches extrêmement minces, entrelacées de racines fibreuses. Les nids de la Terre de Van Diémen sont en général larges, plus compactes et mieux construits que ceux du continent australien.

L'hirondelle d'Europe bâtit d'ailleurs aussi sur les arbres, quoique le fait soit peu commun.

Suivant M. Gould, l'*artamus sordidus* pond quatre œufs, dont les taches varient beaucoup quant à la disposition ; ils sont d'un blanc terne un peu terreux, mouchetés de brun foncé. Dans quelques-uns, dit-il, on aperçoit la transparence d'une seconde série de taches grises qui semblent être à la surface interne de la coquille. Ils ont en moyenne vingt-trois millimètres de haut sur dix-huit de diamètre.

La tête, le cou, et tout le corps de l'oiseau sont d'un gris sombre ; les ailes d'un noir bleu foncé, et la partie extérieure de la seconde, de la troisième et de la quatrième grande plume est blanche. La queue est noire, nuancée de bleu, et toutes les plumes, sauf les deux du milieu, se terminent par une longue marque blanche. Les prunelles sont très-brunes et le bec est bleu avec la pointe noire. Les pattes ont la couleur du plomb. Le mâle et la femelle se ressemblent, mais la femelle est un peu plus petite. La longueur de l'oiseau est à peu près de quinze centimètres. Les petits ont une raie irrégulière d'un blanc sale au centre de chaque plume, en dessus et en dessous.

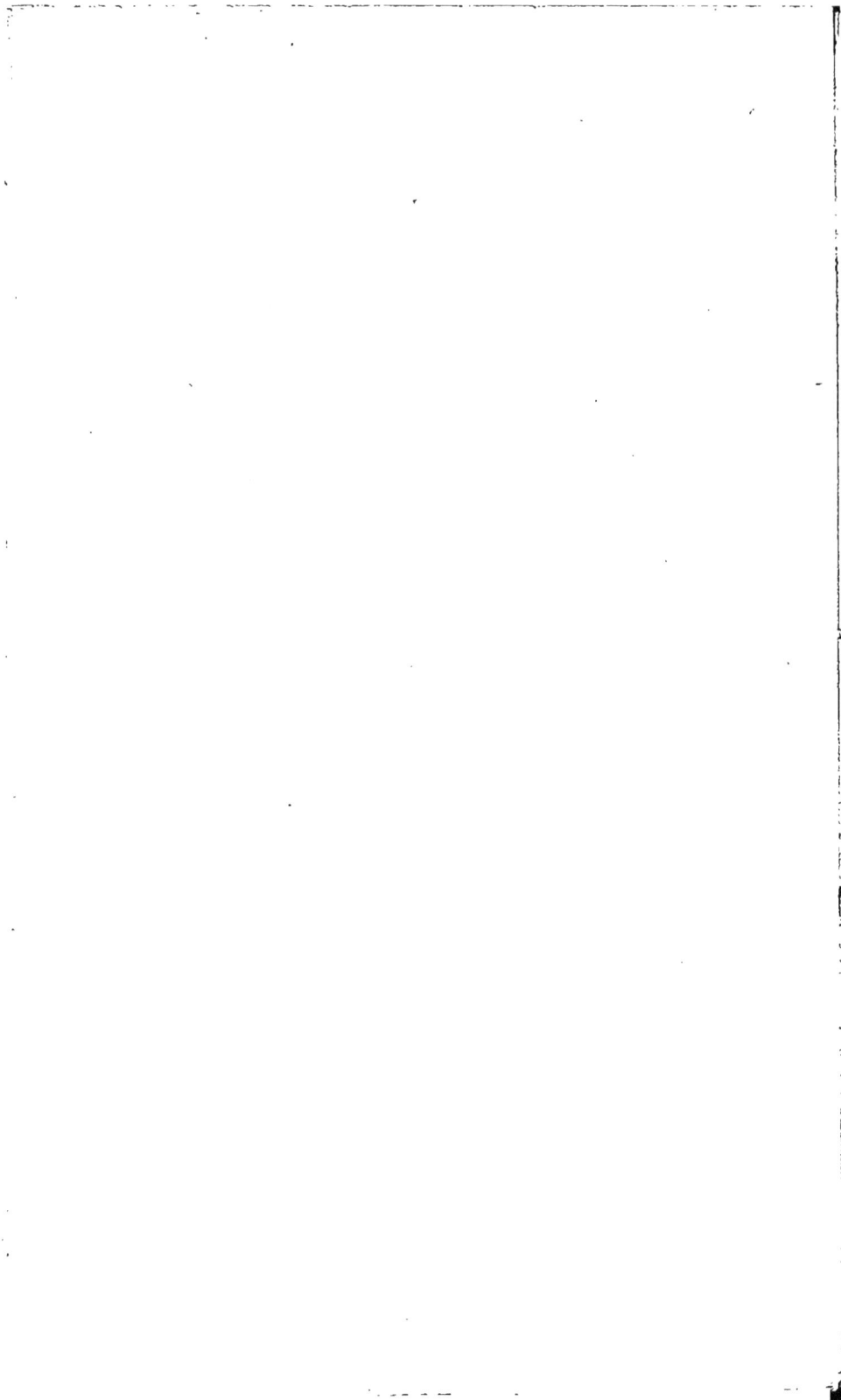

IV

L'AIGLE.

Il y a plusieurs années déjà, par une matinée exceptionnellement claire et belle du commencement d'avril, l'auteur de ces lignes traversait les pelouses de Regent's Park, à Londres, humant les premières brises tièdes de la saison. C'était le printemps, l'heure de l'année où chaque bouton s'entr'ouvre, où chaque graine se gonfle. Alors la nature tout entière se régénère dans un suprême effort et nous rappelle le *grand œuf de la Nuit*, qui flottait dans le chaos et qui fut brisé par les cornes du taureau céleste.

Tous les œufs de notre globe où s'agite un principe de vie allaient bientôt se briser aussi, et cette promenade à l'aventure finit par amener le visiteur devant la cabane des pauvres aigles à tête blanche, *haliœtus leucocephalus*, prisonniers du Jardin zoologique.

Dans un nid grossier de paille, de branches, etc.; construit sur le sol même de son appartement, la femelle couvait deux œufs pondus depuis une semaine, à trois jours d'intervalle.

Quelle prison pour un oiseau dont la demeure habituelle est au sommet des roches aiguës qui s'élancent du lac, ou bien sur les rochers dont la cime commande les grands fleuves ou l'immensité de la mer ! Les rives du Niagara sont un lieu de plaisance favori de l'aigle à tête blanche ou aigle chauve, dernier surnom qui n'est qu'un mensonge, car il n'est pas d'oiseau dont la tête soit mieux garnie de plumes. C'est de là qu'il guette le poisson et qu'il se précipite sur les cadavres des écureuils, des daims, des ours et des autres quadrupèdes qui, en voulant traverser la rivière au-dessus de la chute, ont été pris par le courant et entraînés dans la terrible cataracte.

. C'est un puissant oiseau, d'un mètre de long et de plus de deux mètres d'envergure : on en a vu un prendre son vol avec un agneau de dix jours dans ses serres, mais qu'il laissa tomber d'une douzaine de pieds de terre, par suite des efforts de la victime et des cris des spectateurs. Néanmoins, le pauvre agneau eut les reins brisés par la violence avec laquelle l'aigle fondit sur lui pour l'enlever. On raconte même qu'un aigle à tête blanche se jeta sur un jeune enfant, et que la malheureuse créature ne dut la vie qu'aux cris de sa mère, accourue immédiatement, et surtout au peu de solidité de ses vêtements, qui se déchirèrent et dont l'oiseau emporta une partie.

Il attaque aussi les moutons vieux et malades, et

s'élance avec fureur aux yeux de ces pauvres animaux.
Enfin, c'est un brigand déterminé que Wilson a admirablement dépeint dans le portrait qu'on va lire :

« Perché sur la plus haute branche morte de
quelque arbre gigantesque d'où la vue s'étend au loin
sur la côte et l'Océan, il a l'air de contempler tranquillement les mouvements de toute la gent emplumée
qui poursuit au-dessous de lui le cours de son active
existence : c'est la blanche mouette qui se balance
mollement dans l'espace ; c'est le bécasseau qui trotte
rapidement sur le sable ; c'est une bande de canards
qui descend le cours de l'eau ; c'est la grue silencieuse
qui, l'œil au guet, se promène sur la grève du rivage ;
c'est le corbeau criard et toute cette multitude ailée
qui vit par l'infinie bonté de la généreuse Nature. Au-
dessus d'eux plane un oiseau dont l'action attire soudain toute son attention. À la large courbure de ses
ailes, à son immobilité dans l'air, il a reconnu le faucon des poissons, qui vient d'arrêter son choix sur
quelque pauvre victime des ondes. A cette vue, son
œil étincelle et, se balançant sur sa branche, les ailes
entr'ouvertes, il veille le résultat. Rapide comme la
flèche, l'objet de son attention se précipite et disparaît
sous l'eau, qui rejaillit sous le choc de ses ailes.

« A ce moment, les regards de l'aigle sont tout ardeur, et, allongeant le cou pour prendre son vol, il
voit le faucon reparaître en se débattant avec sa proie
et monter dans les airs en poussant des cris de triomphe.
Pour notre héros, c'est le signal ; il s'élance et donne

la chasse au faucon, sur lequel il gagne bien vite. Chacun fait force d'ailes pour l'emporter sur l'autre ; ce sont des évolutions aériennes d'une sublime élégance. L'aigle, dont rien n'embarrasse le vol, avance avec rapidité, il va toucher son adversaire, quand ce dernier, avec un cri perçant, cri de désespoir sans doute ou d'honnête exécration, laisse tomber son poisson. L'aigle aussitôt, s'arrêtant un moment pour mieux viser son but, descend comme un ouragan, saisit le poisson dans ses serres avant qu'il ait eu le temps d'arriver à l'eau, et il emporte silencieusement dans les bois son butin mal acquis. »

Ceci est très-beau, très-poétique, et, qui plus est, très-vrai. Mais il y a plusieurs manières d'envisager la chose. Voyons ce qu'en pense le bon et honnête Franklin.

Dans sa lettre à M. Bache, datée de Passy, 26 janvier 1784, Franklin raconte que la personne envoyée en France pour faire fabriquer des médailles commémoratives devant servir de décoration, a rempli la mission dont elle était chargée :

« Quant à moi, dit le vénérable philosophe, je les trouve assez réussies ; mais de pareilles choses prêtent toujours à la critique. Les uns découvrent des fautes au latin, qui pèche contre la pureté et l'élégance classiques.... Les autres s'en prennent à la légende, qui ne saurait guère s'appliquer qu'au général Washington et à quelques autres qui ont servi la patrie à leurs frais. D'autres encore prétendent que l'aigle à tête blanche ressemble à un *dindon*.

« Je regrette pour ma part qu'on ait choisi l'aigle chauve comme emblème de notre pays ; c'est un oiseau plein de mauvais penchants, qui ne gagne pas honnêtement sa vie. Vous avez pu le voir, perché sur quelque branche morte, d'où, trop paresseux pour pêcher lui-même, il observe le travail du faucon des poissons ; puis, quand cet oiseau diligent a fini par prendre un poisson et qu'il le porte à son nid pour nourrir sa femelle et ses petits, l'aigle se met à sa poursuite et s'empare de la proie. Mais le brigandage ne l'enrichit guère, et, comme les hommes qui vivent de vol et de rapine, il est généralement très-pauvre et très-gueux. D'ailleurs, c'est un fieffé poltron : le petit oiseau royal, qui n'est pas plus gros qu'un pierrot, l'attaque bravement et le chasse du canton.

« Il ne saurait donc, en aucune façon, être l'emblème des vaillants et honnêtes Cincinnatus américains.... Aussi je ne suis pas fâché, en somme, qu'on ne reconnaisse pas l'aigle chauve dans l'aigle du burin et que l'oiseau ressemble davantage à un dindon, car, à bien prendre, le dindon est comparativement beaucoup plus respectable, et c'est, après tout, un aborigène de l'Amérique. Des aigles, on en a trouvé dans tous les pays ; mais le dindon appartient bien réellement au nôtre, puisque les premiers qui aient été vus en Europe ont été apportés du Canada en France par les jésuites et servis sur la table de noces de Charles IX.

« Je sais bien qu'il est quelque peu borné et assez vain de son naturel, mais il n'en représenterait pas

6

plus mal pour cela la nation américaine. C'est, du reste, un oiseau de courage, et il n'hésiterait pas à attaquer un grenadier de la garde anglaise qui tenterait d'envahir sa basse-cour. »

L'éditeur de cette intéressante correspondance rapporte qu'un savant, son ami, lui fit remarquer que l'anecdote du premier dindon rapporté en France, etc., n'était qu'une méprise ; que, lors de la conquête du Mexique, longtemps avant Charles IX, les compagnons de Cortès trouvèrent cet oiseau en grand nombre dans ce pays, et que son importation dans la vieille Espagne est relatée par Pierre Martyr d'Angleria, sécrétaire du Conseil des Indes, institué immédiatement après la découverte de l'Amérique, lequel connaissait personnellement Christophe Colomb.

Mais, quoi qu'on en dise, l'aigle à tête blanche est un hardi champion, et M. Gardiner raconte que, chevauchant un jour à quelques mètres d'un de ces oiseaux, l'animal, à la manière dont il hérissait ses plumes et à son attitude provocatrice, semblait lui disputer le terrain.

Quant aux vautours, l'aigle les traite avec le plus grand mépris, et, à vrai dire, ils le méritent bien. On l'a vu souvent les tenir à distance respectueuse, surtout dans une certaine circonstance : c'est quand toute une colonie de malheureux écureuils s'est laissé surprendre par la chute du Niagara et que l'aigle recueille sa moisson de cadavres. Lorsque la faim le presse et qu'il joue avec le vautour le même jeu qu'avec le faucon, il l'attaque avec fureur, et, faisant restituer au lâche vorace la charogne dont son jabot est gorgé, il se repaît de son contenu.

A l'état de nature, l'aigle établit généralement son nid sur quelque grand arbre, souvent au bord d'un marais ; et, pour peu qu'il se complaise sur l'arbre qu'il a choisi, il y revient chaque année. A force de réparations et d'addition à chaque saison nouvelle, le nid acquiert ainsi une proportion énorme, qui frappe l'œil à une distance considérable. Il est bâti avec des branchages, des gazons, du foin, de la mousse, etc. Il contient deux œufs.

Wilson rapporte cette histoire accréditée, que la femelle pond d'abord un seul œuf et qu'après l'avoir longtemps échauffé, elle se décide à en pondre un autre. Quand le premier est couvé, sa chaleur suffit, dit-on, pour faire éclore le second. Wilson ne se prononce pas sur l'authenticité de ce conte, mais il déclare qu'un respectable citoyen de la Virginie lui a affirmé avoir vu, sur un grand arbre abattu, un nid d'aigle chauve où se trouvaient deux petits dont l'un paraissait trois fois plus gros que l'autre. L'un d'eux devait avoir eu la part du lion dans la nourriture apportée par les parents ; mais l'histoire de la couvée à longs intervalles est trop contraire à toutes les règles connues de l'incubation pour pouvoir être admise sans plus de réserve.

L'attachement des parents pour les petits, bien qu'il n'atteigne pas sans doute celui de la cigogne, dont nous avons précédemment parlé, est néammoins très-vif. Une personne de Norfolk, aux États-Unis, informa Wilson qu'en défrichant un bois sur sa propriété, elle trouva, sur un grand sapin mort, un nid d'aigle à tête blanche contenant des aiglons. On mit le feu à l'arbre pour l'abattre, la flamme s'élevait jusqu'à plus de la moitié de sa hauteur. La pauvre mère tourna, tourna autour du feu, et s'en approcha au point que c'est à peine si ses ailes à demi brulées lui permirent de se sauver elle-même. Eh bien ! même dans cet état, elle essaya plusieurs fois de revenir à son nid ; tous ses sentiments maternels exaltés lui faisaient braver la mort pour tenter de secourir sa malheureuse progéniture.

En disséquant un aigle femelle, le Dr Samuel Smith, de Philadelphie, lui trouva des œufs en grand nombre et très-petits. Ce nombre si considérable d'œufs s'explique difficilement.

« Peut-être, dit le naturaliste, entre-t-il dans les vues de la nature que toute chose soit abondante ; mais on dit que cet oiseau ne procrée que deux petits par saison : par conséquent, il n'a pas besoin d'un nombre d'œufs plus grand que n'en exige une pareille couvée. Les œufs sont-ils tout d'abord comptés dans le corps de l'animal, sans que le nombre en augmente jamais, pour décroître ensuite graduellement jusqu'à ce qu'il n'en reste plus ? S'il en est ainsi, ce nombre doit correspondre à la longue existence et s'accorder avec la santé robuste de ce noble oiseau. C'est ce qui expliquerait pourquoi la nature, toujours économe de sa force physique, ne lui donne que deux petits par saison.

L'aigle « à queue en coin », *aquila fucosa* de Cuvier, — le « wol-dja » des aborigènes des montagnes et des plaines de l'Australie occidentale, l'«aigle-faucon» des colons et l'«aigle de montagne» de la Nouvelle-Galles du Sud, de Colins, — est, pour l'hémisphère austral, ce qu'est l'aigle doré pour le nôtre. Répandu généralement sur toute la partie méridionale de l'Australie, on le rencontre en grand nombre à la Terre de Van-Diémen et sur les grandes îles du détroit de Bass. Selon toute probabilité, on doit le trouver au midi aussi rapproché des tropiques que dans le nord on trouve l'aigle doré rapproché du pôle. Doué d'une grande force et féroce à l'excès, il est le fléau des bergers et des éleveurs, qui lui font une guerre à mort et le poursuivent sans relâche. M. Gould en tua un qui pesait plus de quatre kilogrammes et mesurait deux mètres d'envergure ; mais ce naturaliste en a vu de beaucoup plus grands. On peut se faire une idée de la force de cet oiseau par celui qu'a représenté Collins. Il fut pris par le capitaine Waterhouse, dans son expédition à Broken-Bay, et quoiqu'attaché au fond du bateau et les jambes liées, il enfonça ses serres dans le pied de l'un des hommes de l'équipage. Pendant les dix jours de sa captivité, il ne voulut accepter de nourriture que d'une seule personne.

6.

Les naturels le regardaient avec terreur, et affir-
maient, en l'examinant de près, qu'il était de force à
enlever un kangurou de moyenne taille. Le brave
oiseau ne put souffrir sa prison, et un beau matin, son
lien rompu fut tout ce qui resta de lui.

Cette race d'aigles se nourrit principalement de
kangurous de la petite espèce. Du haut des airs, et
tout en décrivant son cercle monotone, le bandit à
l'œil perçant découvre les pauvres quadrupèdes, et,
quand son choix est fait, il fond sur sa victime avec
une infaillible et inexorable précision. L'outarde,
lourde deux fois comme l'aigle, ne trouve d'asile sûr
contre ce redoutable ennemi que dans les plaines
immenses de l'intérieur des terres, encore n'est-elle
pas toujours à l'abri de ses attaques. Mais le kangurou
semble avoir été son pain quotidien, et il est probable
qu'il continue à en faire son régime ordinaire dans
l'intérieur de ce continent où l'homme civilisé n'a
point encore pénétré.

On peut juger de ce qu'était autrefois le nombre de
ces quadrupèdes, par ce qu'a raconté le capitaine
Flinders de l'île des Kangurous, où ceux-ci vivaient
en bonne intelligence avec le veau-marin, ainsi que
le représentent les dessins de Westall. « Il était
trop tard, dit le capitaine, pour aller à terre, dans la
soirée du dimanche 21 mars 1802, mais toutes les
lorgnettes étaient braquées sur la côte pour voir ce
qu'on y pouvait découvrir. Quelques jeunes officiers,
au nombre desquels le brave et trop célèbre sir John

Franklin, prétendaient avoir vu remuer des masses noires, semblables à des rochers. » Le lendemain matin, on aperçut, paissant tranquillement au bord d'un bois, une grande quantité de kangurous noirs, à qui l'approche du capitaine Flinders et de sa suite ne donna aucune alarme.

« J'avais, dit encore le capitaine, un fusil à deux coups, pourvu d'une baïonnette, et nos compagnons portaient des carabines. Je ne saurais dire le nombre immense des kangurous que nous vîmes, j'en tuai dix pour ma part et les autres vingt et un. On les transporta tous à bord dans le courant de la journée ; le plus petit d'entre eux pesait 69 livres (environ 32 kilogr.), et le plus gros en pesait 125 (environ 56 kilogr.). Ces kangurous ressemblait beaucoup à ceux des forêts de la Nouvelle-Galles du Sud, si ce n'est qu'ils étaient plus noirs et plus gros. »

Le capitaine met quelque componction à raconter ce massacre.

« Après cette boucherie, dit-il en poursuivant, car les pauvres bêtes se laissaient tirer presque à bout portant et quelquefois assommer à coups de bâton, j'eus mille difficultés, à travers les broussailles et les arbres abattus, pour atteindre avec les longues-vues et autres instruments le point culminant de l'île ; l'épaisseur et la hauteur du bois empêchaient de rien distinguer.

« Il était cependant impossible de mettre en doute que ce grand morceau de terre ne fût séparé du continent, car la douceur extraordinaire des kangurous et la présence des veaux marins sur le rivage concouraient, avec l'absence complète de traces d'hommes, à prouver qu'il n'était pas habité. »

Mais à présent, le mouton se promène où bondissait autrefois le kangurou, et le terrible aigle à queue en coin fait une énorme consommation d'agneaux. Ce n'est pas d'ailleurs qu'il fasse fi de la charogne ; car M. Gould, dans l'une de ses expéditions dans l'intérieur des plaines septentrionales de Liverpool (Australie), n'en vit pas moins de trente à quarante, rassemblés autour d'une carcasse de buffle. Quelques-uns, gorgés jusqu'au bec, étaient perchés sur les arbres voisins, le reste de la bande continuait son délicieux festin. Il ajoute même que l'aigle suit les chasseurs de kangurous des journées entières, pour profiter des débris que jettent ceux-ci lorsqu'ils vident leur gibier.

Les nids qu'observa le même savant voyageur étaient situés aux sommets les plus inaccessibles des grands arbres ; ils étaient très larges, presque plats, et faits de bâtons et de ramée. Jamais il ne put se procurer d'œufs.

V

INSTINCT DE LA MATERNITÉ CHEZ LES ANIMAUX.

Les aigles s'accommodent mal de la captivité. Les œufs que pondent alors les femelles sont généralement stériles, au moins en a-t-il été ainsi jusqu'à présent, paraît-il, des œufs de l'aigle à tête blanche dont nous avons parlé plus haut. On a même remarqué que, pour cette dernière espèce, mâle et femelle brisaient les œufs à mesure qu'ils étaient pondus.

Ce renversement de la grande loi naturelle ne se borne pas seulement aux oiseaux : il arrive souvent que la truie et la lapine dévorent leurs petits quand elles sont dérangées lors de la naissance de ceux-ci. On oublie qu'à l'état de nature, le premier soin de tous les vertébrés est de cacher leurs œufs ou leurs petits. On en peut dire autant des insectes, des crustacés et même des mollusques. Les animaux sont d'autant plus sensibles à la violation de ce principe, qu'ils ont un organisme plus développé. Le quadrupède, en proie à une irritation maladive, dévore ses petits; l'oiseau abandonne son nid ou détruit ses œufs.

Mais quand les parents n'ont point été inquiétés, les vertébrés, et surtout, parmi les vertébrés, les classes douées d'un développement plus complet, se dévouent avec une abnégation entière à la protection de leur progéniture; il n'est pas rare même qu'ils sacrifient leur vie pour la défendre.

Quand le danger menace, les quadrupèdes qui marchent par troupes placent leurs petits au milieu de la bande, afin qu'ils aient dans le combat le plus de chance de salut possible. C'est ainsi qu'à l'instinct de génération succède immédiatement l'instinct de protection, instinct d'autant plus fort que l'être qu'il conserve est plus jeune et plus faible. Chez les mammifères, il y a une telle réciprocité d'affection, qu'il serait difficile de dire qui, de la mère ou du petit, éprouve le plus de satisfaction, l'une à donner, l'autre à recevoir la nourriture.

Il y a plus, c'est que la mère possède en elle le sentiment d'une certaine justice distributive quand les circonstances le réclament. Ainsi, en règle générale, la brebis qui a deux jumeaux ne se laisse téter que quand tous les deux sont présents, et que l'un peut prendre sa part en même temps que l'autre, sans quoi il y en aurait un qui s'engraisserait aux dépens de son frère.

La plupart du temps, l'homme, ce tyran superbe,

s'accommode volontiers de cette loi générale, et, chaque fois qu'il n'en éprouve aucun tort, il laisse la nature suivre tranquillement son cours. Le Lapon, lui, n'a pas le moyen de se montrer si magnanime. La femelle du renne met bas vers la fin de mai, et donne du lait de la fin de juin au milieu d'octobre. Or, il est peu de mères qui chérissent autant leur nourrisson. Perd-elle un petit, elle le cherche sans relâche de tous côtés, et, s'il est possible de le retrouver, on peut être sûr qu'elle ne prendra de repos que quand elle l'aura découvert. Aussi, le Lapon se garde bien de séparer la mère de l'enfant; mais, comme il ne peut pas se passer de lait, il n'y a pas de beau sentiment qui empêche que le troupeau ne soit trait matin et soir. A cet effet, un aide jette au cou de l'animal une corde dont il garde les deux bouts dans sa main. Ainsi tenue, la pauvre bête est forcée de se laisser traire; on lui tire environ un demi litre de lait. Peut-être croirez-vous qu'on se contente de ce prélèvement sur la ration du petit renne ? Détrompez-vous. Dès que l'opération est faite, on enduit le pis de la mère avec une certaine préparation excessivement désagréable au palais du nourrisson, qui ne tète plus que juste assez pour ne pas mourir de faim, et laisse encore à son digne maître une part très-raisonnable.

Tous les animaux d'un rang élevé dans l'échelle animale témoignent la plus vive douleur lorsqu'on leur enlève leur progéniture; au besoin, ils la défendent avec un courage désespéré. Une pauvre chienne, ouverte toute vive pour une expérience scientifique, s'efforçait, au milieu de ses atroces tortures, de lécher ses petits, et lorsqu'on les lui retira, elle se mit à pousser les cris les plus plaintifs.

L'équipage du vaisseau *la Carcasse*, chargé, au siècle dernier, d'un voyage d'exploration au pôle Nord, fut témoin d'un exemple touchant d'amour maternel, qui, cependant, ne put attendrir le cœur de ceux qui le virent.

Le navire était pris dans les glaces, lorsqu'un matin, de très-bonne heure, la vigie du grand mât signala l'approche de trois ours, attirés probablement par l'odeur de la graisse en fusion d'un morse tué quelques jours auparavant, et qui brûlait sur la glace. Les visiteurs étaient une ourse et ses deux oursons, presque aussi gros que la mère. Ils coururent droit au feu, s'emparèrent de la chair non encore consumée, et la dévorèrent. Alors, du pont du vaisseau, les matelots jetèrent sur la glace de gros morceaux de chair de morse qui leur restait encore. L'ourse les ramassait à mesure et les déposait devant ses petits, ayant soin de les partager, ne s'en réservant qu'une très-faible portion pour elle-même. Au moment où, pleine de confiance, la mère ramassait le dernier morceau, les hommes du bord visèrent les ours et les étendirent morts. Ils tirèrent aussi la mère, mais sans la blesser mortellement. Le reste doit être lu dans le récit même du témoin de cette scène :

« C'était un spectacle à faire verser des larmes aux

plus endurcis, que de voir le tendre empressement de cette pauvre bête autour de ses petits, au moment où ils rendaient le dernier soupir. Quoique grièvement blessée et pouvant à peine se traîner à l'endroit où ils étaient étendus, elle emporta le morceau de chair qu'elle était venue chercher, tout comme elle avait fait des autres, puis elle le déchira par lambeaux et le mit devant eux. Quand elle s'aperçut qu'ils ne mangeaient pas, elle posa d'abord une patte sur l'un, ensuite sur l'autre, essayant de les relever, et poussant, pendant tout ce temps, des gémissements lamentables. Comprenant qu'elle ne pouvait pas les remuer, elle partit; mais, au bout de quelques pas, elle se retourna avec des hurlements plaintifs; puis voyant que cette manœuvre ne réussissait point à les décider, elle revint sur ses pas, tourna autour d'eux, les flaira et se mit à lécher leurs blessures. Elle s'éloigna une seconde fois, comme auparavant, se traîna à quelque distance, regarda encore derrière elle, s'arrêta en continuant de se plaindre; mais, pas plus qu'avant, les oursons ne se relevèrent pour la suivre. Alors elle revint avec toutes les démonstrations d'une inexprimable tendresse; elle alla de l'un à l'autre, les caressant avec ses pattes et poussant de douloureux gémissements. Enfin, les trouvant froids et sans vie, elle leva la tête vers le vaisseau, en adressant des hurlements de malédiction aux meurtriers, qui y répondirent par une décharge générale... La pauvre mère tomba entre ses deux oursons, et mourut en léchant leurs blessures. »

7

Les oiseaux qui, en d'autres temps, sont les plus
timides des créatures, attaquent avec fureur l'ennemi
qui vient leur enlever leurs nids et leurs petits. On
sait que les grives et même les plus petits oiseaux
livrent bataille aux pies, aux geais, aux corbeaux, aux
faucons et aux méchants écoliers dénicheurs de nids,
voire même aux hommes. Dans nos basses-cours,
nous voyons la poule se jeter sur les oiseaux de proie,
sur les chiens, les chats, et les gens qui viennent vers
ses poussins avec des intentions sinistres, ou qui se
permettent simplement d'en approcher de trop près.
White cite un exemple de la fureur avec laquelle des
poules, victimes dans leurs plus tendres affections,
exercèrent leur vengeance sur l'auteur d'une série
non interrompue de larcins et de meurtres qui finit par
tomber en leur pouvoir. Il raconte qu'un propriétaire
du voisinage avait eu, un été, tous ses poulets croqués
par un épervier qui se glissait clandestinement entre
le pignon de sa maison et une pile de fagots, à l'endroit où se trouvait la cage aux poussins. Ennuyé de
voir sa basse-cour diminuer, l'éleveur tendit adroitement un lacet auprès des fagots, et, un beau jour, le
voleur vint se prendre au piège.

« Le ressentiment, continue White, inventa la loi
du talion. Maître de l'épervier, notre homme lui rogna
les ailes, lui coupa les ongles, lui prit le bec dans un
bouchon, et le livra ainsi aux couveuses. Il est impossible de rendre la scène qui s'ensuivit ; la terreur, la
rage, la haine, l'instinct de vengeance des poules ne

peuvent se traduire. Les matrones exaspérées cou-
vraient le bandit d'exécrations et d'anathèmes; elles
étaient ivres de leur triomphe. En un mot, elles ne
cessèrent de le frapper et de le martyriser que lorsqu'elles l'eurent littéralement mis en pièces. »

Cet instinct, qui pousse les animaux à défendre si
énergiquement leurs petits, fait aussi qu'ils se sou-
mettent patiemment dans certains cas, lorsqu'ils ont
besoin qu'on leur vienne en aide.

Tout le monde a entendu parler de perdreaux ensevelis l'été dans les gerçures de la terre, et beaucoup
de personnes n'ont considéré ces récits que comme
autant de contes de braconniers, faits pour expliquer
la rareté des œufs et des petits, qui, selon les scep-
tiques, s'en vont tout simplement en chemin de fer
peupler d'autres contrées moins giboyeuses. Rien n'est
cependant plus vrai que ces accidents-là.

Dans une région argileuse de notre connaissance
où, pendant un certain été, les crevasses étaient devenues dangereuses même pour les chiens, par une belle
matinée de juin, deux perdrix se tenaient en grand
émoi sur le bord d'un de ces précipices, grattant la
terre tout autour, faisant ainsi plus de mal que de
bien. Le témoin de cette scène s'approcha et vit au
fond du gouffre une douzaine de gentils perdreaux
qu'à l'aide d'un bâton il retira l'un après l'autre. Eh
bien! pendant cette opération, les pauvres parents ne
se tenaient qu'à une couple de mètres de là, guettant
le sauvetage et recevant chaque petit à mesure qu'il
sortait du trou.

Une poule d'humeur peu facile, qui se jetait avec fureur sur tous ceux qui approchaient de ses poussins, avait emmené sa petite famille près d'une pile de fagots. Les poussins y étaient grimpés et s'étaient fourrés si avant dans les branches, qu'ils n'en pouvaient plus sortir. Les malheureux égarés poussaient des cris de détresse auxquels la mère répondait par des gloussements d'impatience et d'inquiétude, allant et venant de tous côtés, mais n'y pouvant rien. Quand on vint à son secours, au lieu de se jeter comme à l'ordinaire, sur l'individu qui s'approchait, elle le laissa tranquillement enlever quelques fagots, prendre ses poussins et les lui rendre.

Un poulain né huit ou dix jours avant terme fut atteint de spasmes d'estomac et de tranchées qui l'emportèrent, ainsi qu'il arrive, la plupart du temps, chez la race chevaline, dans les cas de naissance prématurée. Le jeune animal reçut tous les soins imaginables ; tous les médicaments possibles lui furent administrés ; pendant ce temps, la jument, sa mère, laissa faire les assistants comme si elle comprenait l'état de son poulain, et resta tranquille tant qu'elle l'eut à côté d'elle ; mais quand on le lui retira, la pauvre bête devint furieuse.

Nous avons encore entendu raconter qu'une vieille jument de chasse qu'on avait mise au vert, se sentant un jour très-malade, vint au village, comme pour implorer le secours des hommes, et mourut la nuit suivante dans la rue.

Une coutume généralement répandue, c'est de faire couver les œufs de canes par une poule. Il faut avouer que, par ce moyen, peu généreux, il est vrai, on obtient ordinairement de plus belles couvées qu'en laissant à la cane elle-même le soin de faire éclore ses œufs. En effet, — peut-être parce que la servitude ne lui a pas fait perdre totalement le souvenir de son premier état de liberté et des douceurs d'un nid bien frais au milieu des roseaux et des herbes de la rive, — la cane, il faut le dire, se dérange facilement et n'apporte pas une bien grande constance à son nid de basse-cour. Mais il n'est pas d'oiseau qui couve avec plus de ferveur que le canard sauvage de nos contrées, et qui amène des nichées plus nombreuses ni mieux portantes. Du reste, il ne manque pas d'exemples, surtout dans les moulins et les fermes situés près d'un étang ou d'une rivière, de canards domestiques couvant avec autant de persévérance et d'opiniâtreté que la poule. Quoi qu'il en soit, dans presque toutes les maisons distantes des courants d'eau, on préfère la nourrice terrestre. Alors, en pareil cas, les canetons ne sont pas plutôt éclos, qu'en apercevant la mare ils courent s'y précipiter, au grand émoi de la poule qui, du bord, s'évertue à glousser, à appeler, à user enfin de tous les cris, de tous les gestes en son pouvoir pour sauver les imprudents de l'imminent danger auquel elle les croit exposés. Quelquefois même, dans l'excès de son tourment, la malheureuse mère, au péril de sa vie entre dans l'eau pour secourir la couvée. Les canetons, pendant ce temps, nagent avec la plus parfaite quiétude, font la chasse aux mouches et s'amusent tranquillement sur l'élément où les a conduits leur instinct naturel, en dépit des remontrances de leur nourrice indignée, et des obstacles qu'elle essaie d'opposer à leur incorrigible penchant.

Les oiseaux à l'état domestique ou semi-domestique, comme les autres animaux d'un rang plus élevé, paraissent prendre plaisir à montrer leur progéniture et à quêter l'admiration aux dépens même des rivaux pouvant exciter leur jalousie. Ainsi les oies du Canada (*Anser canadensis* ; l'oie à cravate), les mâles surtout, sont, paraît-il, pendant la saison de l'incubation, les plus dangereuses bêtes qu'il existe pour s'en prendre aux petits des autres oiseaux. Le mâle ne souffre pas d'êtres vivants dans les alentours de son nid ; les canetons, les oisons, les petits cygnes, rien n'échappe à sa violence.

Les nids ! que de variétés dans ces petits chefs-d'œuvre depuis les informes ramassis de paille et de litière, jusqu'à l'élégante petite habitation du chardonneret, travail d'amour exécuté dans le plus secret mystère ! Que de précautions réunies dans cette délicieuse construction ! Comme les couleurs de ce nid se marient bien au feuillage qui l'entoure, afin de le soustraire le mieux possible à une dangereuse curiosité !

C'est vraiment chose amusante que d'épier les expédients auxquels ont recours les petits oiseaux pour

dérouter le regard inquisiteur des hommes, lorsqu'ils
se croient surpris au moment où ils transportent les
matériaux du nid ou qu'ils portent la becquée à leurs
petits. Le soin si scrupuleux que mettent tous les
oiseaux en général à construire et à cacher leurs nids
n'a d'égal que l'ardeur qu'ils apportent à l'incubation
qui s'ensuit. Mais il n'y a pas de règle sans exception,
comme nous le verrons plus loin.

Job dit de l'autruche (*Ch.* xxxix, *v.* 17 *et suiv.*) :

« Elle dépose ses œufs à terre et laisse à la chaleur du sable le soin de les faire éclore. Elle oublie
que les bêtes sauvages peuvent les briser dans leur
course. Elle se montre cruelle envers ses petits,
comme s'ils n'étaient pas la chair de sa chair ; et elle
est sans crainte sur leur compte, comme si en les
pondant elle avait fait une œuvre inutile. Car Dieu l'a
privée de sagesse et ne lui a donné aucune part d'intelligence. »

Le texte, en parlant de l'autruche, se sert du genre
masculin ; on sait, en effet, que chez certains oiseaux
de la même famille, l'émeu, par exemple, ou casoar
de la Nouvelle-Hollande, c'est le mâle qui couve les
œufs.

Quoi qu'en dise la Bible, il est cependant hors de
doute que l'autruche couve ses œufs, bien que, pendant la chaleur du jour, il arrive que cet oiseau les
laisse exposés à la haute température du climat, afin
de ne pas leur donner un degré de calorique qui pourrait être fatal à la vitalité de l'embryon. Le capitaine

Lyon dit que tous les Arabes sont d'accord sur la manière dont couvent les autruches. « La mère, dit-il,
ne laisse pas ses œufs éclore au soleil ; elle construit
un nid grossier où elle dépose de quatorze à dix-huit
œufs qu'elle couve avec autant de constance que nos
poules communes. A l'occasion, le mâle relaie la femelle dans cet office. C'est pendant la saison de l'incubation, ajoute-t-il, que l'on prend le plus d'autruches, car les Arabes tirent les mères sur leurs
nids. »

Le nid de l'autruche consiste simplement en un trou
qu'elle creuse dans le sable, en ayant soin de rejeter
ce sable autour d'elle, de manière à se faire un rempart
assez élevé. Il y a de ces nids qui ont un mètre de
diamètre. On ne s'accorde pas sur le nombre des
œufs ; on en a trouvé de dix à dix-huit dans un nid.
Ce dernier nombre est celui que Levaillant assigne à
chaque femelle. Mais un jour ce voyageur fit lever
une autruche d'un nid, contenant trente œufs et en
dehors duquel s'en trouvaient treize autres. Il se mit à
guetter le nid et il vit quatre femelles s'y succéder en
un jour. Ce nid devait être le résultat d'une association
comme il s'en fait souvent chez les dindons et d'autres
oiseaux qui font leurs nids par terre.

Le capitaine Lyon remarque en passant que dans
les trois villes de Sockna, Houn et Ouadan, on élève
des autruches apprivoisées auxquelles on coupe les
plumes trois fois en deux ans. La facilité avec laquelle
les autruches s'apprivoisent est un fait bien connu et

dont pourraient au besoin témoigner aujourd'hui tous
les petits Parisiens qui ont tant de bonheur à se faire
traîner chaque dimanche, par les allées du Jardin d'Acclimatation, dans une élégante petite voiture à laquelle
est attelée une autruche du plus bel aspect et du caractère le plus placide. Quant à la domestication de
l'oiseau, les colonies anglaises de l'Afrique méridionale ont, depuis un certain nombre d'années, fait de
l'élevage de l'autruche une industrie prospère. M. Ju-
lius de Mosenthal, consul en France des républiques
de l'Afrique australe, a publié récemment un intéressant travail sur la domestication de l'autruche. Des
essais de cette nature ont été tentés aussi en Algérie,
entre autres par M. le commandant Créput. Au commencement de 1877, cet officier possédait dans la pro-
vince d'Oran un établissement composé de 6 parcs
dans lesquels il entretenait des couples d'autruches
reproducteurs.

Au cap de Bonne-Espérance, en 1872, avec 24 oiseaux reproducteurs un éleveur avait obtenu 200 élèves
bien portants en une seule saison. La même année,
un M. Douglas avait eu de 6 oiseaux (4 femelles et
2 mâles, — la proportion habituelle) 130 autruchons.
En 1874, la colonie du Cap avait exporté 16,684 kilogrammes de plumes représentant une valeur de
6,130,000 francs ; à Sainte-Élisabeth seulement il s'é-
tait vendu pour 2,912,000 francs de plumes d'autruches. Ce qui valait alors 500 fr. la livre anglaise
vaut aujourd'hui 800 à 875 francs. La première qualité

7.

de plumes blanches choisies vaut sur place 1,375 fr.
la livre, prix moyen ; ce qui, rendu à Paris, porte
le prix, droit et frêt compris, à 3,800 fr. le kilo-
gramme.

Les éleveurs se servent d'incubateurs pour l'éclosion des œufs. Partout les résultats ont été tels que
chacun cherche à former des parcs à autruches. La
statistique officielle constatait à la fin de l'année 1875
trente-deux mille oiseaux domestiques dans la colonie
du Cap. Depuis lors ce nombre s'est notablement
accru. Les éleveurs s'occupent déjà de substituer une
race supérieure à l'autruche du sud de l'Afrique sous
le rapport de la qualité de la plume et d'importer chez
eux l'autruche de Barbarie.

VI.

MOEURS DE CERTAINS OISEAUX D'AUSTRALIE.

Nous venons de voir qu'en règle générale tous les
oiseaux se placent sur leurs œufs pour les couver;
passons maintenant à l'exception.

Le talégalle ou « dindon à grosse queue » de la
Nouvelle-Hollande, — *talegalla Lathami* (Gould) des
ornithologistes, *brush turkey* des colons australiens,
weelah des naturels de Namoi — n'est plus une rareté
en Europe, où il figure aujourd'hui dans presque tous
les jardins zoologiques. C'est un gros oiseau noir à
peu près de la taille d'une grosse poule commune et
pourvu d'une queue énorme. On le voit continuellement
se promener et picoter la terre de tous côtés comme
s'il cherchait quelque chose qu'il lui faut absolument
trouver, mais qu'il ne peut pas venir à bout de rencontrer. Si quelqu'un venait dire à un visiteur non
initié aux mystères de l'ornithologie, que l'oiseau qu'il

a sous les yeux ne couve jamais ses œufs, mais qu'il les plante dans une couche, comme fait un jardinier des graines de melons et de concombres, le visiteur ne manquerait pas de prendre le cicerone pour un faiseur de contes de premier ordre. Si, persistant à éclairer le néophyte, le même individu lui disait que ces oiseaux ramassent eux-mêmes les matériaux nécessaires à la couche en question, et attendent ensuite tranquillement que la fermentation ait atteint le degré nécessaire à l'éclosion des œufs, il risquerait fort, assurément, de passer pour un membre de l'illustre famille du célèbre baron de Crac. Rien n'est plus vrai cependant.

Le dindon à grosse queue appartient à la famille ou, si vous l'aimez mieux, savant lecteur, au sous-genre d'oiseaux qui, ne couvant pas, ramassent, pour y placer leurs œufs, des herbes qu'ils savent devoir les échauffer au point convenable pour les faire éclore sans que jamais la meule entre en combustion comme le foin rentré en temps inopportun, ni fermente trop vite, autre danger qui serait également fatal au principe vital de l'œuf.

Les différents genres connus de cette famille sont le tàlégalle, le lcipoa et le mégapode, tous indigènes de ce merveilleux pays qui semble être un reste d'un autre temps, oublié à dessein pour nous donner l'idée de ce qu'a été jadis notre planète.

Le *talegalla Lathami* a donné, dans son temps, bien de l'embarras aux ornithologistes à systèmes. Il en est plus d'un qui en ont fait un vautour, et s'en sont emparés bien vite pour remplir une lacune dans un système favori. Ils ont complètement donné dans le faux, comme le démontre si bien M. Gould dans son admirable ouvrage *Les Oiseaux de l'Australie*. C'est, selon lui, un des membres de cette grande famille particulière à l'Australie et aux îles de l'océan Indien dont le mégapode constitue une espèce. A l'appui de son opinion, Gould indique les deux profonds évasements du sternum, si caractéristiques chez les gallinacées. Il a parfaitement raison.

La partie supérieure du plumage du mâle adulte, ses ailes et sa queue, sont d'un brun foncé; mais, à la surface inférieure du corps, les plumes, également brun foncé à la base, se terminent en gris argenté; la peau de la tête et du cou est violacée, déteignant en rouge sous le bec, et légèrement parsemée d'une sorte de crin court, brun foncé comme les plumes; ses barbes sont jaune brillant, teintées de rouge à l'endroit où elles rejoignent la peau rouge du cou; il a le bec noir et les pattes brunes, ainsi que l'iris.

La femelle est d'un quart moins grosse environ que le mâle et de même couleur, seulement ses barbes sont moins longues.

Lorsqu'ils ont atteint leur plus grand développement ces oiseaux sont à peu près de la grosseur du dindon.

Examinons maintenant les mœurs de ce singulier animal :

Le talégalle marche par compagnies, mais en

petit nombre néanmoins. Il est, du reste, très-peu
confiant et sa prudence est excessive. Comme le
faisan et quelques autres gallinacées, c'est un habile
coureur, et souvent il échappe au chasseur à travers
des fourrés inextricables. Le chien d'Australie est son
plus grand ennemi. Quand une bande de ces oiseaux
se trouve poursuivie par un chien et serrée de près,
ils sautent tous sur la plus basse branche du premier
arbre qu'ils rencontrent, et, d'échelon en échelon, ils
finissent par gagner le faîte. Une fois arrivés là, ils
s'y tiennent ou prennent leur volée vers un autre point
du bois. Quand ils n'ont rien à craindre, ils vont se
percher dans les branches pour s'abriter contre la
chaleur du jour. Le chasseur, qui connaît leur habitude, profite de leur sieste fatale pour les tirer l'un après
l'autre (car ils ne prennent aucun souci de leurs compagnons qui tombent), jusqu'à ce que toute la bande
ait subi le même sort ou que le chasseur soit fatigué
de charger son fusil.

Jusqu'ici, rien assurément de bien extraordinaire ;
mais c'est dans la reproduction de l'espèce que se ma-
nifestent les anomalies les plus étranges. Après avoir
ramassé petit à petit des herbes et des plantes fanées,
l'oiseau en fabrique une sorte de couche artificielle.
Il emploie patiemment plusieurs semaines à réunir les
matériaux, jusqu'à ce qu'il y en ait à la fin un tas capable de remplir deux ou trois tombereaux. Une couche
de cette espèce sert généralement plusieurs années,
à un couple, c'est-à-dire que les femelles reviennent

toujours pondre au même endroit, et, à mesure que la partie inférieure se décompose, les oiseaux y ajoutent un nouveau supplément d'herbages et de débris avant d'y déposer leurs œufs.

Dans la construction des nids les plus compliqués, le bec de l'oiseau est toujours l'outil principal, les pattes ne sont que des instruments accessoires. Ici, le contraire a lieu. Les pattes sont les agents principaux pour ramasser et empiler les matériaux ; le bec ne sert à rien dans ce travail ; c'est avec les pattes que l'oiseau recueille et vient placer son contingent au centre du dépôt commun. Les alentours de ce singulier nid sont tellement propres et dépouillés de tout ce qui peut servir à sa fabrication, qu'on aurait grand'peine à y trouver une feuille ou un brin d'herbe sèche. Quand la pyramide de végétaux a eu le temps de fermenter de manière à acquérir un degré de température suffisant, l'oiseau y enfouit ses gros œufs, non point à côté les uns des autres, comme dans les cas ordinaires, mais séparés entre eux par un espace régulier de vingt à trente centimètres, parfaitement alignés et enterrés à une profondeur de près d'un mètre, le gros bout tourné vers le sol. Il les recouvre ensuite, et les laisse dans leur trou jusqu'à ce qu'ils soient éclos.

Le célèbre John Hunter expérimenta la chaleur naturelle d'une poule qui couve, et obtint 104 degrés Fahrenheit (40° centigrades), il arriva au même résultat en plaçant la cuvette du thermomètre sous la couveuse au moment où elle était sur ses œufs. Ayant pris sous la même poule des œufs couvés aux trois quarts il fit un trou dans la coquille, et, y plongeant le thermomètre, il vit le mercure s'élever à 90 1/2 Fahr. (32° 50 centigrades). Dans certains œufs stériles, la chaleur était de deux degrés moins forte, de sorte que l'embryon, comme lui-même l'a fait remarquer, donnait à l'œuf couvé quelque chose de sa propre chaleur.

On n'a point encore cherché, que nous sachions, quel est le degré de chaleur de ces *couches à oiseaux* au moment de l'incubation ; mais le talégalle, sans autre secours que cet instinct qui lui vient d'en haut, sait exactement l'instant où elles arrivent à la température nécessaire, température qui, sans doute, est la même que celle que Hunter a constatée sous une poule couveuse.

M. Gould apprit des naturels et des colons habitant le voisinage des endroits fréquentés par ces oiseaux, qu'il n'est pas rare de trouver, dans un seul de leurs tas de plantes, trente et quelque litres d'œufs qui sont, dit-on, un excellent manger.

On ne s'accorde pas sur le degré de sollicitude apporté par les parents à leur *oviplantation*. Des indigènes prétendent que les femelles restent constamment dans les alentours de leurs dépôts d'œufs, qu'elles découvrent fréquemment, afin, sans doute, d'aider les oisillons nouveau-nés à sortir de leur prison ; d'autres assurent qu'une fois les œufs pondus, les parents laissent aux petits le soin de se frayer un chemin comme ils peuvent, sans les aider en rien.

Si cette dernière version est correcte, on se demande comment les oiseaux sont nourris au sortir de leur coquille. Selon toute probabilité, la nature, ayant adopté ce mode de reproduction, doit aussi avoir doué les petits de la faculté de pourvoir eux-mêmes à leur subsistance, dès l'instant où ils viennent à la lumière. D'ailleurs, l'énorme grosseur des œufs mène à cette conclusion; il est en effet raisonnable de supposer que, dans un espace comparativement aussi large, on doit trouver l'animal infiniment plus développé qu'il ne l'est dans des œufs de plus petites dimensions. M. Gould a, en quelque sorte, obtenu la confirmation de cette opinion; car, en cherchant des œufs dans un de ces tas d'herbages, il a trouvé le corps d'un petit, mort probablement en quittant sa coquille, et cet oiseau était couvert de plumes, au lieu de n'avoir que du duvet comme en ont d'ordinaire les autres oiseaux de même âge.

La position constamment droite des œufs vient à l'appui de l'opinion qu'ils ne sont plus touchés par les parents après qu'ils ont été pondus; car c'est un fait connu et que chacun peut observer sous la poule commune, que les œufs des oiseaux qui les posent horizontalement sont très-souvent dérangés et retournés dans le nid pendant l'acte de l'incubation.

La saison était trop avancée, lors du voyage de M. Gould, pour qu'il découvrît des œufs ou des petits; il ne put que voir les nids de ces oiseaux, ou plutôt les monceaux de plantes qui leur servent de nids. Il

en trouva dans l'intérieur du continent australien et
à Illawara. Ils étaient tous situés dans les vallées les
plus ombreuses et les plus retirées, et placés au bas
d'un versant de colline. Toute la partie du sol domi-
nant les nids était parfaitement déblayée, on n'y eût
pas rencontré une feuille morte, tandis qu'au-dessous
aucun débris de ce genre n'avait été ramassé ; il semblerait que les oiseaux trouvent plus facile de des
cendre leurs matériaux que de les remonter. M. Gould
ne put avoir qu'un œuf entier, mais il vit beaucoup de
coquilles, placées dans la position ci-dessus décrite,
d'où les petits étaient sortis.

Nous avons parlé de la grosseur des œufs ; M. Gould
les décrit comme étant parfaitement blancs, de forme
allongée, hauts de neuf centimètres, et d'un diamètre
de six centimètres. Il vit à Sidney, dans un jardin particulier, un talégalle vivant, qui, depuis deux années,
avait entassé une immense quantité de plantes sèches
et d'autres matériaux, comme s'il avait été au milieu
de ses forêts natales. Toute la partie du jardin où on
le laissait se promener était d'une propreté rare, qui
eût satisfait l'amateur le plus scrupuleux ; on eût dit
que les plates-bandes, la pelouse et les bosquets
étaient, chaque jour, régulièrement balayés, tant l'oiseau s'évertuait à ramasser tout ce qu'il rencontrait
à terre pour en aller grossir sa provision de fumier,
laquelle s'élevait déjà à un mètre de hauteur et couvrait une surface de trois mètres carrés. En plongeant
le bras dans cette couche, M. Gould lui trouva de 32
à 35 degrés centigrades de chaleur.

L'oiseau était un mâle ; il avait une démarche ma-
jestueuse : tantôt il se pavanait fièrement autour de
son œuvre, tantôt il allait se percher au sommet,
montrant, dans leur plus beau jour, les brillantes couleurs de son cou et de ses barbes, qu'il avait le pouvoir de contracter et d'allonger à volonté. Exemple de
l'irrésistible puissance de l'instinct, cet oiseau solitaire continua son édifice avec la persévérance la plus
opiniâtre, attendant toujours la femelle qu'il ne devait
jamais voir. Le pauvre animal mourut noyé ; c'est à
son autopsie qu'on découvrit son sexe.

Le talégalle, avons-nous dit plus haut, figure aujourd'hui dans la plupart des jardins zoologiques
d'Europe. Naturellement notre Jardin d'Acclimatation
de Paris n'a pas été des derniers à se procurer ce curieux oiseau. Il a fait mieux : il en a répandu quelques-
uns à titre de cheptel chez des amateurs éclairés et de
grands propriétaires, pour essayer de la reproduction
de l'espèce dans les conditions les plus favorables.
C'est ainsi qu'au printemps de 1872, M. le marquis
d'Hervey de Saint-Denys obtenait de l'administration,
pour son domaine de Bréau (Seine-et-Oise), deux de
ces animaux. Par malheur, ceux-ci se trouvèrent être
deux mâles ou tout au moins des époux fort mal as-
sortis. Toutefois si, comme reproduction, l'expérience
n'a pas réussi tout d'abord, l'acclimatation de ces
oiseaux, et l'on pourrait même dire leur domestication, se sont du moins présentées de la manière la
plus favorable. On en jugera par l'extrait suivant des

nouvelles que M. d'Hervey de Saint-Denys donnait en
août 1873 de ses deux pensionnaires, et qui ont été in-
sérées dans le *Bulletin mensuel de la Société d'acclimatation*, société dont M. d'Hervey est un des membres
les plus zélés.

« A leur arrivée chez moi, écrit-il, les deux talégalles ont été d'abord enfermés, pendant trois jours,
dans une grande volière vide, puis lâchés en toute liberté dans le parc, de 60 hectares environ, enclos de
murs et pourvu d'une pièce d'eau. Ils ont parcouru le
parc dans tous les sens avec une rapidité extrême dès
leur premier jour de liberté, se sont enfoncés au plus
épais du bois, et durant quatre jours on ne les a
pas aperçus. Bientôt ils se sont montrés dans les gazons
qui entourent l'habitation et se sont peu à peu fami-
liarisés, au point de venir sur les terrasses et jusque
dans la cuisine du château. Durant les deux ou trois
premières semaines de leur séjour ici, ils ne se quit-
taient pas et vivaient en très-bonne harmonie; mais
dès le moment où le plus fort des deux oiseaux a commencé la construction d'un nid, il a changé tout à fait
de manière d'être à l'égard de son compagnon, ne
pouvant le souffrir dans son voisinage, le battant et le
poursuivant à outrance chaque fois qu'il le rencontrait. Il en est résulté que le plus petit des deux oiseaux
n'ose plus se montrer aux abords du château, et qu'il
a élu domicile près de la pièce d'eau située au milieu
des bois, à grande distance du nid, dont je dois maintenant vous parler.

« Cet énorme nid, auquel le mâle qui l'a construit
ne cesse de travailler encore, a été commencé vers
le 15 mai. Il est placé à l'extrémité du parc, dans un
jeune bois, sur le bord d'une allée. Il n'a pas moins
de 1m,30 centimètres de hauteur sur 3m,60 centimètres
de diamètre, à sa base. L'oiseau a ratissé le sous-bois
dans un périmètre de plus de vingt-cinq pas. Les premiers matériaux entassés étaient des feuilles sèches et
de menus débris de plantes ; ensuite une forte couche
de terre superposée, mélangée d'herbes et de bois
mort. Je n'ai jamais vu le constructeur de cet édifice
y pratiquer aucun trou. Il travaille régulièrement tous
les matins jusqu'à huit ou neuf heures, rarement plus
tard ; on peut le regarder à l'œuvre sans le déranger
le moins du monde. Vers dix heures, il se rapproche
du château et de ses abords, pour y passer son temps
d'une manière que je vous dirai tout à l'heure, et,
bien qu'il y ait près de 1000 mètres à parcourir, il
franchit cette distance presque sans s'arrêter, con-
naissant à merveille toutes les allées du parc et courant avec une incroyable rapidité. Dans la journée, il
disparaît à certaines heures ; le soir, au coucher du
soleil, il regagne la partie du bois qu'il a choisie,
tandis que l'autre oiseau perche dans un tilleul, d'un
tout autre côté, ainsi que je vous l'ai signalé.

« Cet ensemble de faits donne à craindre que les
deux talégalles (qui se ressemblent énormément) ne
soient deux mâles et que le nid construit par le plus
vieux des deux ne renferme absolument aucun œuf.

Nous n'avons pas découvert de nid construit par le plus petit des deux oiseaux, je dois le reconnaître, mais ne se pourrait-il pas qu'il en fût des talégalles comme des paons, qui ne se reproduisent qu'à la seconde année, et que celui des deux qu'on a pris pour une femelle ne soit un mâle très-jeune, qui ne ferait son nid que l'an prochain ? Tous deux ont au cou cette poche jaune, pendante à l'état ordinaire et gonflée quand ils sont irrités, mais celle du constructeur du nid est beaucoup plus développée. Sa tête, aussi, est plus forte. Toutefois, et pour ne rien oublier, je dois ajouter qu'on m'a dit avoir vu une ou deux fois le plus petit des oiseaux auprès du nid. En tout cas, je vous serais obligé de me faire savoir à quelle époque vous pensez que l'on pourra sans inconvénient sonder le nid, le temps de l'éclosion étant passé, afin de savoir positivement à quoi s'en tenir.

« Je viens de vous dire que le plus petit de mes deux talégalles ne se montrait guère que de loin en loin, son terrible époux ou confrère le faisant rentrer dans le parc au plus vite, dès qu'il l'aperçoit autour du château. Je ne sais donc pas grand'chose de ses habitudes : quant au talégalle dont le sexe n'est point en doute, c'est fort différent, on le perd rarement de vue, et je puis vous raconter ses hauts faits.

« Il serait difficile d'imaginer un oiseau plus hardi, plus vigoureux et plus sans-gêne. Aucun chien ne lui fait peur, et à plus forte raison il ne craint ni les coqs, ni les dindons, ni aucun oiseau de basse-cour.

Les paons, une pintade mâle et un gros perroquet blanc en liberté sont les seuls volatiles qui lui tiennent tête, et encore ne l'effrayent-ils point. Il mange absolument de tout, du pain, des fruits, même du poisson ou de la viande, et n'hésite pas à venir prendre dans la main ce qu'on lui présente. On doit seulement veiller à ses doigts, parce que le coup de bec est solide. Chose singulière pour un oiseau aussi robuste, il ne peut cependant avaler que de très-petits morceaux, autrement son cou se gonfle et il fait des efforts comme s'il allait étouffer. Mais à moins que sa gloutonnerie ne le porte exceptionnellement à trop se presser, cet accident ne lui arrive guère, parce qu'il s'y prend, pour manger les aliments durs ou volumineux, d'une façon très-adroite, que je n'ai jamais vu pratiquer par les paons ni par d'autres oiseaux du même genre. Il pose vigoureusement la patte sur ce qu'il ne peut manger d'un seul morceau, puis, à coups de bec qui briseraient la coquille d'une noix, il le met en miettes instantanément.

« Voilà pour les bons côtés ; il faut arriver maintenant au revers de la médaille, si l'on veut envisager le talégalle non pas seulement comme un oiseau curieux et amusant, mais aussi au point de vue des avantages et des inconvénients pratiques qui pourraient résulter de son acclimatation. Je vous ai dit que mon talégalle constructeur du nid ne passait plus que ses nuits dans le parc, et rôdait tout le jour autour du château ; malheureusement auprès du château sont des communs, et attenante à ces communs, une basse-cour entourée de murs et de grillages. L'animal dont nous étudions les mœurs en a trouvé le chemin, et depuis ce moment il est à peu près impossible de l'en faire sortir, aux heures où il lui convient d'y résider. Il chasse les coqs et recherche les poules ; mais sa façon de les aborder, ajoutons même de les traiter, paraît à celles-ci tellement effrayante que, la peur leur donnant des ailes, elles passent par-dessus les murs, et s'enfuient de tous côtés, pour aller pondre on ne sait où. En un instant, la basse-cour est vide ; alors il s'établit sur le fumier, l'écarte et le lance au loin dans l'abreuvoir, ou bien l'amoncelle comme s'il voulait construire un second nid. Je crois même qu'il en avait l'intention formelle, et je regrette qu'elle ait été impraticable. Cette mise en scène se renouvelle tous les jours. On le chasse : il ne s'effarouche en aucune sorte et revient immédiatement avec une effronterie divertissante.

« L'envahissement et les paniques de ma basse-cour se renouvelant journellement, au grand désespoir de la femme qui en prend soin, j'ai essayé d'introduire, dans le quartier des poules, des coqs de très-grande espèce, réputés très-méchants ; mais le talégalle s'est jeté sur eux avec furie et les a poursuivis jusque dans les fossés secs du château, sans qu'ils essayassent presque de lui résister, fait qui n'a pas laissé de me surprendre, puisque chacun de ces coqs sait tenir tête aux paons, contre lesquels le despote enragé du poulailler évite pourtant de se mesurer.

« En voyant le trouble causé par un de ces oiseaux infatigables, je me demande ce que produirait la réunion de cinq ou six d'entre eux. Je sais bien que l'intention de la Société serait d'en peupler les bois et non les basses-cours, et que si le talégalle qui m'a été confié se trouvait dans une forêt, loin de toute habitation, il adopterait probablement une autre manière de vivre. Pourtant je ne puis m'empêcher de remarquer sa disposition à s'apprivoiser et à se domestiquer comme les paons et les volailles, et non pas à s'éloigner des habitations comme les faisans de diverses espèces, dont j'ai perdu plusieurs en essayant de les laisser en liberté. ».

M. d'Hervey de Saint-Denys reçut plus tard de la Société d'Acclimatation deux talégalles femelles. Écoutons leur histoire. Aussitôt en possession de ces nouveaux hôtes, M. d'Hervey de Saint-Denys fit placer le panier qui les renfermait sur un grand gazon, où il avait pris soin d'attirer le mâle afin qu'une reconnaissance mutuelle eût lieu tout d'abord.

« A peine le panier fut-il ouvert, raconte-t-il, que les deux poules talégalles s'enfuirent en prenant des directions différentes. L'une se sauva dans un massif, et de là dans les fossés du château, tandis que l'autre nous fit assister à un spectacle vraiment curieux. Le mâle s'élança vers elle avec son impétuosité ordinaire, et la chassant devant lui à grands coups de bec, sans lui laisser un moment de répit, la conduisit tout droit à l'endroit du parc où il a construit son nid. Ensuite

8

il revint précipitamment dans la cour du château.
Était-ce pour chercher la seconde voyageuse ? Voilà
ce que je ne saurais dire, puisque ce sont des faits et
non des suppositions que nous devons consigner.

« Cette seconde femelle est restée pendant deux
jours dans les fossés, où je lui ai fait jeter du grain.
Un matin, le mâle est descendu dans les fossés à son
tour, et, soit qu'il l'en ait chassée, soit qu'elle en fût
déjà sortie, elle a gagné le parc, où on l'a rencontrée
hier en compagnie de celle avec laquelle elle est
arrivée ici. Elles paraissaient toutes deux fort bien
portantes, mais ne se laissaient pas approcher. Il est
du reste remarquable que plus le mâle se familiarise
autour du château, moins les poules talégalles sortent
du bois. Quant au tyran, qui doit être aujourd'hui
bigame, sinon trigame, il continue à tenir ses assises
près du poulailler, depuis le matin jusqu'au soir, bou-
leversant le fumier et malmenant les poules d'une
manière plus amusante pour moi que pour les filles de
basse-cour.

« Depuis quelques jours, il paraît négliger son nid.
Sans doute, l'époque de ce travail est passée. Reste à
savoir si le nid contiendra des œufs ou n'aura été
qu'un vain édifice. Je vous ai communiqué mes craintes
à ce sujet. Personne jusqu'ici n'a vu le moindre petit
talégalle dans le bois, malgré l'attention avec laquelle
on y regarde. Au cas d'une heureuse découverte, je
m'empresserais de vous l'annoncer. »

L'espoir de ce dernier événement ne s'est pas

réalisé. Les deux derniers oiseaux sont restés plus
sauvages que les premiers. Tous d'ailleurs allaient
gîter de compagnie ou isolément sur les arbres du
parc du Bréau, changeant sans cesse de domicile, et,
chose remarquable, choisissant toujours une branche
placée au-dessus de l'eau, et très-mince, de manière à
se tenir à l'abri des bêtes, telles que fouines et putois.
Le fameux mâle très-apprivoisé continua, lui, de rôder
dans le jour autour du château ou dans la basse-cour ;
mais, la nuit, il retournait au parc. A l'entrée de
l'hiver suivant, cet animal changea complétement
d'habitudes, ses promenades autour du château devinrent moins fréquentes. Il ne visitait plus son nid.
Il ne poursuivait plus les poules domestiques, et, chose
assez singulière, la poche jaune qui lui pendait au cou
comme un goître s'était tout à fait effacée, la peau
s'étant resserrée et aplanie autour du cou. Il paraissait
aussi moins hardi, calmé un peu sans doute qu'il était
par le refroidissement de la saison. Il est bon de
noter cependant que, dans les derniers jours de septembre, il avait encore toute sa furie et qu'il avait bel
et bien tué à coups de bec sur la tête un coq cochin-
chinois de haute taille.

Au milieu de l'été de 1875, deux nouvelles femelles
provenant du parc de M. Cornély furent lachées dans
le parc du Bréau. Au commencement de l'hiver les
nids furent ouverts et l'on y recueillit une douzaine
d'œufs tous fécondés sans que les petits en fussent
sortis. Plusieurs petits enfermés dans les œufs avaient

toutes leurs plumes, mais ils étaient morts dans la coquille avant de pouvoir la briser. Les froids de l'hiver furent fatals aux deux poules, l'une fut dévorée par un oiseau de proie, l'autre disparut on ne sait comment.

Au mois de mai 1876, M. A. de Rothschild envoya à M. d'Hervey de Saint-Denys deux poules du parc de Ferrières. Celles-ci formèrent immédiatement deux couples avec les deux talégalles mâles déjà parfaitement acclimatés. Chaque couple construisit deux nids, soit quatre en tout. Le plus petit de ces nids avait 95 centimètres de haut sur 8 mètres de tour : le plus grand atteignait 1^m,20 de haut avec une circonférence de 12 mètres. La construction du nid est le fait seul du mâle. C'est lui aussi qui creuse les trous destinés à recevoir les œufs et qui les bouche ensuite. Les œufs sont enfouis au centre du nid très-près les uns des autres.

Lors de la vérification des quatre nids dont nous venons de parler, l'un ne contenait aucune trace d'œufs, mais au centre des trois autres nids se trouvait un total de huit assemblages de petits débris de coquilles accompagnés chacun d'un petit sac (pellicule de l'intérieur de l'œuf) déchiré en plusieurs morceaux. Huit jeunes talégalles étaient éclos. Aucun œuf improductif n'avait été pondu. De cette jeune famille le propriétaire du Bréau n'a revu qu'un seul membre à la fois ; était-ce le même individu survivant seul de la nichée ? C'est ce qu'on ne saurait dire. Quant aux deux couples de parents mâles et femelles, ils étaient devenus tout à fait farouches.

Détails curieux donnés par M. d'Hervey de Saint-Denys : un ménage de lapins avait eu l'audace d'établir son domicile et d'accroître sa famille à la base même du plus grand nid, percé à cet effet à une profondeur de plus d'un mètre, et cela sans que les talégalles s'en fussent émus le moins du monde. « Cinquante centimètres séparaient le terrier de la partie centrale du nid, où l'oiseau place ses œufs, posés de champ, à 7 ou 8 centimètres les uns des autres. »

Autre remarque assez singulière : « Depuis plus d'un mois, ajoute M. d'Hervey de Saint-Denys (1er déc. 1876), les talégalles ne travaillent plus à leurs nids, qu'ils laissent ravager par le vent et la pluie ; mais si l'on y touche, l'amour de l'architecte pour son œuvre est aussitôt ravivé. Jamais cet effet ne manque de se produire. C'est ainsi que les matériaux du premier nid, que j'ai fait ouvrir avant-hier, ayant été éparpillés mais non enlevés immédiatement, l'oiseau à qui il appartenait a développé pour les relever une énergie si farouche qu'en la seule matinée d'hier le cône avait repris sa forme, à peu près comme si l'on n'y avait pas touché. Maintenant il ne s'en occupera plus et la neige pourra le recouvrir sans porter aucune trace de son retour. »

Après le talégalle, l'oiseau de cette singulière famille dont nous allons nous occuper est le *leipoa ocellata*, le *ngaou* des aborigènes des plaines de l'Aus-

8.

tralie occidentale, le *ngaou-ou* de ceux des montagnes, et le « faisan australien » des colons du même
pays.

Il a la tête et la crête brun foncé, et les épaules et
cou gris cendré. Du bec à la poitrine, la partie antérieure du cou est couverte de plumes découpées en
fer de lance et portant une raie blanche à leur centre.
Le dos et les ailes sont marqués de trois bandes distinctes, l'une blanc sale, l'autre brune, la troisième
noire ; ces bandes affectent sur chaque plume la forme
d'un œil, surtout au bout de celles qui constituent la
seconde rangée de l'aile. Les grandes plumes des
ailes sont brunes, elles ont leur dernière tache traversée de deux ou trois lignes en zig-zag. Le ventre
est jaune clair, et les plumes des flancs ont une barre
noire à leur extrémité ; la queue, brun foncé, se termine par une large marque jaunâtre ; enfin le bec est
noir et les pattes brun foncé.

Cette espèce d'oiseau dépose ses œufs dans un tas
de sable haut d'environ trois pieds. Le mâle et la
femelle contribuent, chacun de leur côté, à élever cet
édifice. Les naturels prétendent que, pour y parvenir,
ils grattent le sable à plusieurs mètres à la ronde.
L'intérieur présente plusieurs couches superposées de
feuilles sèches, d'herbes, etc., au milieu desquelles
sont déposés douze œufs, que le couple a soin de recouvrir en attendant que le soleil les fasse éclore.
Ainsi terminé, le monticule de sable ressemble à un
nid de fourmis. Ces œufs, trois fois gros comme ceux

de la poule, sont blancs légèrement teintés de rouge ; ils sont disposés par lits et toujours séparés les uns des autres.

Deux ou trois fois par saison, les naturels fouillent les buttes de sable pour s'emparer du contenu. Avant de les ouvrir, ils jugent du plus ou moins grand nombre d'œufs par le plus ou moins de plumes semées autour de l'éminence. La collection enlevée, la femelle vient repondre une seconde et souvent même une troisième fois.

Dans ces buttes on trouve souvent autant de fourmis que dans une fourmilière, et l'espèce de croûte de sable qui forme la base de la muraille extérieure devient parfois tellement dure qu'il faut un ciseau pour l'entamer.

Ces *monticules à œufs* ne se rencontrent d'ordinaire que dans les endroits où le sol est sec et sablonneux ; ils sont toujours couverts d'une espèce naine de leptosperme, de manière à les mettre à l'abri des pieds du voyageur qui quitterait les sentiers tracés par les naturels du pays.

Le faisan australien est plus petit que le talégalle. Il vit davantage à terre et ne grimpe guère sur les arbres que lorsqu'il est poursuivi de près. Souvent même, dans ce cas, il se fourre la tête dans un buisson et s'y fait prendre. Comme le talégalle, il se nourrit surtout de baies et de graines. Il articule une note plaintive assez semblable au roucoulement du pigeon, mais plus sourd.

Le plus remarquable de ce groupe extraordinaire est, sans contredit, l'*ouéregourga* des naturels de la péninsule de Cobourg, connu des colons de Port-Essington sous le nom de « poule des jungles » (*jungle-fowl*) et que les naturalistes ont nommé *megapodius tumulus*.

Le tête et la crête de cet oiseau à longues pattes sont brun-rouge foncé. Il a le cou et tout le dessous du corps gris-sombre ; le dos et les ailes brun-rouge clair, et la queue couleur noisette foncée en dessus et en dessous. En général, les iris sont brun-noir ; mais chez quelques individus, ils sont brun-rouge clair. Son bec rougeâtre est bordé de jaune. Il a les jambes et les pattes jaune orange brillant. Sa grosseur est celle de la poule commune.

Quand M. Gilbert, le collaborateur de M. Gould, arriva à Port-Essington, certains habitants, membres probablement de la Société des Antiquaires, lui montrèrent de nombreux monticules de terre qu'ils lui désignèrent comme étant les anciens tombeaux des indigènes. Les naturels lui dirent de ne rien croire aux histoires de ces savants amateurs d'antiquités, et ils lui affirmèrent que loin d'être des lieux de sépulture, ces éminences étaient les nids où se couvaient les œufs de l'ouéregourga. Personne, dans la colonie, ne voulut croire un fait qui renversait tellement les lois connues de l'incubation chez les oiseaux, et quand les véridiques sauvages apportèrent de gros œufs à

l'appui de leur déclaration, ils furent traités comme le
sont quelquefois les avocats qui veulent rendre leur
cause trop bonne, et l'erreur n'en fut que mieux
accréditée. Mais M. Gilbert, qui savait déjà quelque
chose des habitudes du *leipoa*, prit avec lui un indigène intelligent, et s'embarqua vers le milieu de novembre pour Knocker's-Bay, sur la rade de Port-
Essington, partie peu connue, mais où on lui avait
annoncé qu'il trouverait beaucoup de ces oiseaux. Il
prit terre près d'un fourré épais, et, après s'être
éloigné de quelques pas de la côte, il aperçut un monticule de sable et de coquilles d'œufs mêlés à une
espèce de fumier noir, dont la base reposait sur le
sable du rivage, à quelques mètres au-dessus du
niveau de la marée haute. Ce tumulus, de forme
conique, haut d'un mètre cinquante centimètres sur
une base de six mètres de circonférence, était enveloppé de toutes parts dans les tiges rampantes de
ketmies à larges fleurs jaunes.

« — Qu'est-ce que c'est que cette éminence ? demanda M. Gilbert à son Australien.

« — *Ouéregourga rambal*, répondit celui-ci »,
c'est-à-dire un nid ou maison de la poule des jungles.

M. Gilbert grimpa sur le mamelon et trouva, dans
un trou de soixante centimètres de profondeur, un
jeune oiseau né sans doute depuis quelques jours, et
reposant sur un lit de feuilles sèches. L'indigène assura
à M. Gilbert qu'il serait tout à fait inutile de chercher
des œufs, attendu qu'il n'y avait aucune trace récente des

parents. Le naturaliste se contenta alors du jeune oiseau qu'il enferma dans une grande boîte avec une certaine quantité de sable et de blé pilé pour sa nourriture.

L'animal mangeait assez bien, mais il était d'une intraitable sauvagerie, et le troisième jour de sa captivité il faisait tous les efforts possibles pour s'échapper. Pendant tout le temps qu'il resta dans la boîte, il ne cessa de gratter le sable et de le mettre en petit tas. Il n'était pas plus gros qu'une caille ; cependant la vigueur et la rapidité avec lesquelles il jetait son sable d'un bout de la boîte à l'autre étaient quelque chose de surprenant. Ce pauvre M. Gilbert ne pouvait guère prendre de sommeil avec son turbulent prisonnier. Toute la nuit, l'oiseau faisait un abominable vacarme dans ses tentatives d'escalade et de fuite. Il ne se servait que d'une patte pour gratter le sable, et quand il en avait saisi *une poignée*, il le rejetait derrière lui sans efforts et sans bouger de sa position sur l'autre jambe. Tout ce mouvement de l'oiseau ne parut être à M. Gilbert que le résultat de son inquiétude et d'un violent besoin d'exercice. Ce n'était point pour chercher les graines dans le sable : car jamais, dans ces circonstances, M. Gilbert ne le vit manger le blé qui y était mêlé.

Tous les jours, on apportait des œufs à M. Gilbert ; mais il ne put en voir extraire des monticules qu'au commencement de février, à une autre visite à Knocker's Bay ; il fallut creuser deux mètres pour les avoir. Dans ce tumulus, les trous étaient percés en

ligne perpendiculaire, mais obliquement du sommet
du cône aux parois, de manière que, bien qu'à deux
mètres de profondeur, les œufs n'étaient qu'à soixante
ou quatre-vingts centimètres des côtés.

Les oiseaux, paraît-il, ne pondent qu'un œuf dans
chaque trou et aussitôt après ils remplissent l'ouverture avec de la terre légère. Les flancs et le sommet
de la montagne trahissent les récentes excavations de
l'oiseau par les empreintes de ses pattes sur le sable.
La terre avec laquelle il rebouche ses trous est tellement peu foulée, qu'avec une perche on peut pénétrer
jusqu'à l'œuf. Le plus ou moins de résistance de la
terre, en enfonçant la perche, indique le plus ou moins
de temps écoulé depuis le travail de l'oiseau.

Ce n'est pas chose facile que cette chasse aux
œufs. Les naturels creusent la butte avec leurs mains
seulement et y font un trou assez grand pour y
passer le corps et pouvoir rejeter le sable entre leurs
jambes. En grattant ainsi avec leurs doigts, ils suivent
plus sûrement la direction du trou qui, souvent, ren-
contrant un obstacle trop dur, change de route et
tourne à angle droit au milieu du trajet. Aussi la pa-
tiente persévérance du sauvage est souvent mise
à l'épreuve dans ces opérations. Pour avoir deux
œufs, l'Australien de M. Gilbert creusa successivement
sans succès six trous de près deux mètres et demi de
profondeur. Fatigué de son travail inutile, il refusa de
tenter une septième épreuve; mais M. Gilbert tenait
tellement à vérifier l'authenticité du fait à lui dénoncé

qu'il promit un supplément de récompense pour une
nouvelle tentative. Celle-ci fut couronné d'un plein
succès : cette fois, le naturel ramena un œuf, et, tout
fier de sa découverte, il recommença deux fois son
travail et en rapporta un second. « Ceci prouve,
ajoute le voyageur, combien les Européens doivent se
garder de toujours repousser les naïfs récits de ces
pauvres enfants de la nature, parce qu'ils peuvent se
trouver en désaccord avec nos connaissances et l'ordre
ordinaire des choses. »

Dans un autre mamelon, M. Gilbert, aidé de son
indigène, découvrit, après un pénible travail, un œuf
enseveli à un mètre cinquante centimètres de profondeur. Cet œuf était placé tout droit. Le monticule
avait près de cinq mètres d'élévation et couvrait une
circonférence de vingt mètres à la base. Il était,
comme presque tous ceux qu'avait vus le même naturaliste, tellement caché sous l'épais feuillage des
arbres qui l'entouraient, qu'il était impossible que les
rayons du soleil l'éclairassent jamais. Les trous qui le
traversaient commençaient au bord intérieur du cône,
et descendaient obliquement vers le centre. On y sen-
tait parfaitement la chaleur avec la main.

On se demande maintenant comment font les jeunes
oiseaux pour sortir du tombeau où ils ont été littéralement enterrés vivants.

Cette question semble encore à l'état de mystère.

Des naturels ont dit à M. Gould que les petits sor-
ent sans aucune assistance ; d'autres ont prétendu

que les parents, quand le temps est venu, prati-
tiquent des issues souterraines pour délivrer leur progéniture.

C'est presque toujours près du rivage, dans le fourré
le plus épais, que M. Gilbert a rencontré le mégapode.
Il n'y a pas d'apparence qu'on le trouve bien loin
dans l'intérieur des terres, si ce n'est au sommet des
côtes de quelques criques profondes. Ces oiseaux vont
ou seuls ou par couples. Ils ramassent à terre leur
nourriture, qui consiste surtout en racines, que leurs
ongles puissants leur permettent de déterrer. Ils se
nourrissent aussi de graines, de baies et d'insectes,
particulièrement de gros coléoptères.

Il n'est pas facile de prendre ces singuliers bipèdes
et quoiqu'on entende souvent le battement de leurs
ailes, dans leur fuite, quand on approche de leurs habitations, il est très-rare qu'on puisse les apprivoiser
jamais. Ils ont un vol pesant qui ne paraît pas pouvoir
se soutenir longtemps. Quand une poule des jungles
est inquiète, elle commence invariablement par gagner
un arbre sur lequel elle se perche; puis, le corps droit,
la tête haute et le cou perpendiculaire, elle reste immobile dans cette attitude. Lorsqu'elle est poursuivie de
près, elle s'envole péniblement à une distance de quelque deux cents mètres en ligne horizontale et les
jambes pendantes.

M. Gilbert n'a jamais été à même d'entendre la voix
de l'oiseau; mais les naturels la lui ont décrite et l'ont
imitée devant lui. D'après eux, ce serait une espèce

9

de gloussement semblable à celui de la poule domestique, mais qui se terminerait un peu comme le cri du
paon. Suivant les observations du même naturaliste,
le *megapodius tumulus,* qui commence à pondre à la
fin d'août, continuait encore en mars, époque à laquelle
l'explorateur a quitté le pays ; à en croire les naturels,
il ne se repose que quatre ou cinq mois, pendant la
saison des chaleurs.

M. Gilbert a encore remarqué que les matières qui
composent les tumulus ont une certaine influence sur
la coloration de l'épais épiderme qui recouvre la coquille de l'œuf. Cette pellicule tombe promptement et
laisse à nu une coquille extrêmement blanche. Par
exemple, les œufs enfouis dans un terrain noir sont
extérieurement brun rouge foncé, tandis que ceux qui
sont déposés dans une terre sabloneuse ont une couleur blanc sale jaunâtre. La grosseur varie considérablement, mais ils ont tous la même forme et sont aussi
ronds d'un bout que de l'autre. On peut leur donner,
comme mesure moyenne, quatre-vingt-cinq millimètres
de haut sur cinquante-cinq millimètres de large.

La distribution géographique de ce singulier groupe
d'oiseaux ne se confine pas à l'Australie, elle s'étend
jusqu'aux îles Philippines, à travers l'Archipel indien.

Dans ces mêmes contrées, qui possèdent des oiseaux
aussi singuliers que le talégalle, le faisan australien
et le mégapode, on rencontre aussi les exemples de
onstructions les plus extraordinaires qu'on puisse

imaginer en fait de nidification. On croirait lire un
conte des *Mille et une Nuits* lorsqu'on étudie les mœurs
des architectes de ces élégants petits palais.

Les oiseaux constructeurs de berceaux (*bower-birds*)
de l'Australie montrent dans la confection et la décoration des édifices qu'ils bâtissent pour leur servir de
lieux de réunion et d'amusement, un génie et un goût
qui les rangent infiniment au-dessus de tous ceux de
leur race que nous connaissions.

Leurs constructions et leurs collections — car ce
sont d'ardents et infatigables amateurs de raretés, —
ont longtemps attiré l'attention des voyageurs, sans
que ceux-ci aient su à quelle cause attribuer les phénomènes qui se présentèrent quelquefois ainsi sur leur
route. C'est au savant M. Gould que nous devons encore l'éclaircissement de ce mystère. Il a guetté les
ouvriers à leur travail et il a obtenu deux berceaux
complets qu'il a donnés, l'un au Musée national de
Londres, l'autre au Musée de Leyde.

C'est au Musée de Sydney que M. Gould a pu observer la première fois un de ces singuliers édifices
voûtés en forme de berceau, d'où l'oiseau a tiré son
nom. C'était un don de M. Charles Coxen, qui l'avait
présenté comme l'œuvre de l'*oiseau à berceau satiné*.
L'opiniâtre M. Gould résolut alors de ne rien négliger
pour étudier les mœurs de ce singulier animal; et, en
visitant les cédrières des coteaux de Liverpool (Australie), il découvrit plusieurs de ces berceaux de différentes grandeurs, situés la plupart à l'ombre des

longues branches traînantes des arbres de la forêt.
Mais laissons parler M. Gould.

« La base de l'édifice, dit-il, consiste en une large
plate-forme un peu convexe, faite de bâtons solidement entrelacés. Au centre s'élève le berceau, construit également en petites branches reliées à celles de
la plate-forme, mais plus flexibles. Ces baguettes,
recourbées à leur extrémité, sont disposées de manière
à se réunir en voûte ; la charpente du berceau est
placée de telle sorte que les fourches présentées par
les baguettes sont toutes tournées en dehors, de manière à n'opposer à l'intérieur aucune espèce d'obstacle au passage des oiseaux. L'élégance de ce curieux
berceau est encore rehaussée par les décorations qui
en tapissent l'intérieur et l'entrée. L'oiseau y entasse
tous les objets de couleur éclatante qu'il peut ramasser, tels que les plumes bleues du perroquet de Rose-
hill, des os blanchis, des coquilles d'escargots, etc., etc.
Certaines plumes sont entrelacées dans la charpente
du berceau ; d'autres, avec les os et les coquilles, en
jonchent les entrées.

« Le penchant naturel de ces oiseaux à ramasser
tout ce qu'ils trouvent à leur convenance, et à l'emporter en s'envolant, est si bien connu des naturels que,
quand il leur manque quelques petits objets, par
exemple, un tuyau de pipe ou autre chose semblable
qu'ils peuvent avoir perdu dans les broussailles, ils se
mettent à la recherche des berceaux, sûrs de l'y retrouver. Moi-même, j'ai rencontré à l'entrée d'un ber-

ceau une jolie petite pierre de tomahawk d'un pouce et demi de hauteur, très-finement travaillée, mêlée à des chiffons de coton bleu, que les oiseaux avaient bien certainement ramassée dans un ancien campement d'indigènes. »

On ne sait pas encore bien le but de ces curieux berceaux. Les oiseaux ne s'en servent pas comme de nids ; ce sont plutôt pour eux une espèce de lieu de rendez-vous où un grand nombre d'individus des deux sexes viennent jouer et s'accoupler pendant la période d'incubation.

« C'est à cette époque, dit M. Gould, que je visitai ces localités. Les berceaux que je rencontrai avaient subi de récentes réparations; cependant il était facile de reconnaître, à l'inspection des objets qui y étaient accumulés, que le même endroit avait déjà dû servir plusieurs années, M. Charles Coxen m'a dit qu'après avoir détruit un de ces berceaux, il avait eu la satisfaction de le voir reconstruire presque en entier, d'une cachette qu'il s'était ménagée. Les oiseaux qui firent ce travail étaient, m'a-t-il dit, des femelles. »

Tels sont les édifices construits par l'*oiseau à berceau satiné*, ou *velouté*, connu sous le nom de pirolle (*ptilonorhynchus holosericeus*, Khul), le *caouré* des aborigènes de la côte de la Nouvelle-Galles du Sud.

Le plumage de l'adulte mâle est d'un noir bleu luisant qui justifie bien l'épithète de *satiné* qu'on lui donne ; mais les premières grandes plumes des ailes, également très-noires, ont plutôt un aspect velouté.

Le dessus des ailes et les plumes de la queue sont aussi d'un noir de velours, moucheté de reflets brillants noir bleu. Les yeux sont bleu clair, et la pupille est cerclée de rouge. Le bec, de corne bleuâtre, se termine graduellement en jaune à la pointe. Les jambes et les pattes sont d'un blanc jaunâtre.

La tête et toute la surface supérieure du corps de la femelle sont d'un vert grisâtre ; les ailes et la queue soufre foncé. Les tons sont les mêmes en dessous, mais beaucoup plus légers et teintés de jaune, et les plumes de cette partie ont l'air d'être disposées en échelons, parce qu'elles se terminent toutes par une bordure brune très-foncée. L'iris est plus bleu que chez le mâle, et le cercle rouge n'est qu'indiqué. Le bec est noir et les pattes brun jaunâtre teinté de noir luisant.

Les jeunes mâles ressemblent beaucoup aux femelles avec cette différence que le dessous du corps est d'un jaune plus vert et les échelons plus nombreux. Chez eux l'iris est bleu foncé, les pieds olive foncé, et le bec noir olivâtre.

Quelque élégants et ingénieux que soient les petits palais de l'oiseau à berceaux *satiné*, il existe d'autres architectes de la même famille qui déploient dans leurs édifices une science et une habileté plus remarquables encore.

L'oiseau à berceaux *tacheté* (*Chlamidera maculata.* — Gould), habite l'intérieur des terres. M. Gould le

suppose répandu sur toute la surface centrale du continent australien ; mais les seuls endroits où il lui ait
été possible de l'observer et d'où il se soit procuré les
individus qu'il a étudiés, sont les cantons immédiatement au nord de la colonie de la Nouvelle-Galles du
Sud. Pendant son voyage dans l'intérieur, le naturaliste remarqua surtout cet oiseau à Brezi, sur la rivière
Mokaï, et au nord des plaines de Liverpool. On le rencontrait aussi en grand nombre dans les plaines arides
qui touchent au Namoï, et au milieu des buissons qui
les coupent. Il a fallu à M. Gould toute la ténacité de
son esprit observateur pour se rendre compte des
mœurs de ce petit oiseau, si timide et si sauvage qu'il
ne se laisse jamais approcher d'assez près pour qu'on
puisse distinguer la couleur de son plumage. Sa voix
perçante et gutturale trahit toujours sa retraite; mais,
dès qu'on vient l'y déranger, il gagne le faîte des plus
grands arbres, s'envole et disparaît !

C'est en montant une garde assidue auprès des
lieux où ils viennent boire, que M. Gould a pu s'en
procurer quelques-uns. Un jour, après une longue
sécheresse, le voyageur se fit conduire par un Australien vers un bassin creusé naturellement dans le
roc, où, depuis plusieurs mois, l'eau des pluies avait
été retenue. À ce réservoir, qui jamais peut-être
auparavant n'avait réfléchi un visage européen, une
armée d'oiseaux à berceaux tachetés, de perruches et
d'oiseaux chercheurs-de-miel étaient venus se désal-
térer. La présence de l'intru parut d'abord éveiller les

soupçons de la troupe ; mais comme il eut soin de se
tenir couché par terre dans une complète immobilité,
la soif l'emporta sur la terreur, et le voyageur eut la
satisfaction de voir ces petits êtres venir tout près de
lui prendre leur gorgée sans s'inquiéter davantage
d'un énorme serpent noir roulé autour d'un tronc
d'arbre dont le pied baignait dans l'eau. Le zélé naturaliste revint trois jours de suite à ce poste intéressant. De toute la gent ailée qui se réunissait là, les
oiseaux à berceaux tachetés étaient les plus nombreux
et aussi les plus farouches. Néanmoins il put les contempler à son aise et admirer leurs splendides couleurs. Il estime que si les pluies avaient encore tardé,
le peu d'eau qui restait dans la cavité du roc n'eût pas
manqué d'être bientôt absorbé par les milliers
d'oiseaux qui venaient chaque jour y étancher leur
soif.

M. Gould a découvert, dans son voyage d'exploration à l'intérieur, plusieurs berceaux de cette dernière
espèce de constructeurs. Le plus beau de ceux qu'il a
rapportés en Angleterre est maintenant au Musée
national. Il les a trouvés situés en des endroits fort
divers, tantôt dans les plaines envahies par l'*acacia
pendula*, tantôt au milieu des buissons qui hérissent
le versant des collines. D'après la description qu'il
fait de ces sortes de berceaux, ils sont infiniment plus
longs que ceux de l'oiseau à berceaux satiné ; ils ont
plus l'air de tonnelles et forment souvent une avenue
couverte, longue de plus d'un mètre. L'extérieur est

fait de baguettes artistement reliées avec de grandes
herbes et courbées de manière à se réunir par le
haut. Les décorations y sont semées à profusion et
consistent surtout en coquillages bivalves, en cara-
paces d'insectes, en petits os, etc.

« L'intelligence inventive et réfléchie de cette
espèce, continue M. Gould, se manifeste dans l'édifice
tout entier et dans sa décoration, surtout aussi dans
la manière dont les pierres sont disposées dans la
construction, probablement pour que les herbes qui
en relient la charpente ne puissent se désunir. Ces
rangées de pierres partant de l'entrée du berceau s'en
vont en divergeant de chaque côté, de manière à former un petit sentier qui est le même aux deux bouts
de la tonnelle. Au centre de l'avenue, à l'entrée du
portique, s'élève une immense collection de matériaux
de toute nature servant à décorer la place : ce sont
des coquillages, des plumes, des os, etc., arrangement
qui se répète à l'autre porte. Dans quelques-uns des
plus grands berceaux que j'ai vus, œuvre évidemment
de plusieurs années, il y avait à chaque entrée plus
d'un demi-boisseau de ces ornements. Dans quelques
circonstances, j'ai rencontré de petits berceaux
presque entièrement fabriqués d'herbage ; j'ai cru
voir là le commencement d'un nouveau lieu de rendez-vous.

« J'ai souvent trouvé de ces constructions à une
distance considérable des rivières. Ce n'est cependant
que sur le bord des courants que les petits architectes

9.

peuvent se procurer les coquillages et les petits
cailloux ronds qu'ils emploient; jugez, par conséquent,
des efforts et du travail qu'exige leur collection.
Comme ces oiseaux se nourrissent presque exclusivement de grains et de fruits, les coquillages et les os
ne peuvent avoir été ramassés que pour servir à la
décoration de leurs édifices ; d'ailleurs, ils ne prennent
que ceux que le soleil a parfaitement blanchis ou que
les naturels ont fait cuire et qui, par suite, sont devenus blancs.

« Je me suis convaincu que ces berceaux, comme
ceux de l'oiseau satiné, forment le lieu de rendez-vous
de plusieurs individus, car de la cachette où j'étais en
observation j'ai tué deux mâles que j'avais vus auparavant passer sous les arceaux de la petite avenue. »

L'oiseau à berceaux tacheté possède un remarquable
plumage. Le sommet de la tête est d'une couleur
brune magnifique, qui descend latéralement et se réunit sous le gosier; ces plumes sont chacune bordées
d'une étroite frange noire et sur le crâne elles se terminent par une pointe gris-argenté. Sur la partie supérieure du cou descend une bande rose clair, dont
les longues plumes forment comme une sorte de crête
occipitale. Les ailes, le dos et la queue sont brun
foncé, et les plumes du dos et du croupion, les sca-
pulaires et les secondaires, se terminent toutes par
une tache jaune chamois très-foncé. Les grandes
plumes des ailes sont légèrement teintées de blanc
par le bout, et celles de la queue ont l'extrémité cha-

mois clair. Le dessous du corps est d'un blanc grisâtre.
Les plumes des flancs sont zébrées de lignes brunes
transversales dont la teinte se fond en mourant. Le
bec et les pattes sont brun sombre. Le coin du bec est
nu; c'est une peau épaisse, proéminente et rose. Les
iris sont brun foncé.

Le ton rosé du jabot n'appartient qu'aux adultes des
deux sexes; les petits de l'année ne l'ont pas.

Il existe une troisième espèce de constructeurs, le
grand oiseau à berceaux (Chlamidera nucalis). Cet
oiseau est probablement l'architecte de ces berceaux
que le capitaine Grey trouva dans ses excursions en
Australie et qui l'intéressèrent d'autant plus qu'il
ignorait s'ils étaient l'œuvre d'un oiseau ou d'un quadrupède, dernière supposition vers laquelle il inclinait.
Ils étaient faits d'herbes sèches et de branches plantées à une petite profondeur dans deux sillons parallèles creusés dans un terrain sablonneux. Le haut de
ces palissades se réunissait gracieusement en voûte.
Ces petits édifices étaient toujours pleins de débris de
coquillages de mer dont on voyait aussi des monceaux
à chaque entrée de l'arcade. Dans un de ces berceaux,
le plus avant dans les terres qu'ait rencontré le capitaine Grey, il y avait un tas de noyaux d'un fruit qui,
évidemment, avait dû être transporté là. Jamais le
voyageur ne vit l'animal dans l'intérieur ou aux bords
de ces berceaux; seulement, de nombreuses déjec-
tions d'une petite espèce de kangurou qui se trouvaient

tout près, l'induisirent à supposer qu'ils pourraient bien être l'œuvre de quelque quadrupède.

Voici donc une variété d'oiseaux dont l'intelligence n'est pas bornée seulement aux fins ordinaires de l'existence, de la conservation personnelle et de la reproduction de l'espèce, mais qui s'élève jusqu'à chercher dans la vie les jouissances du luxe et des plaisirs. Leurs berceaux sont leurs salles de bals et de réunîon, leurs boudoirs privilégiés.

Les oiseaux à berceaux satinés se réunissent en automne par petites troupes, surtout dans le voisinage des rivières. Le mâle a un cri clair et perçant, et souvent, mâles et femelles poussent ensemble une note rude et gutturale qui paraît exprimer la surprise et le mécontentement. — En rebondissant sur la terre du haut de l'Olympe la fatale pomme de discorde n'a pas atteint que les seuls humains!

VII

L'ARAIGNÉE DÉGUISÉE. — L'ARAIGNÉE A TRAPPE.

Les diverses formes de la vie animale se rencontrent toujours en plus grand nombre là où leur
nourriture particulière est la plus abondante, et c'est
à cette cause qu'il faut attribuer le peu d'araignées
qu'on trouve, comparativement parlant, dans l'Amérique du Sud : nulle part, en effet, les diptères ou
mouches à deux ailes, dont elles se nourrissent principalement, ne sont aussi peu nombreuses, — circonstance d'autant plus bizarre que nulle part les
autres espèces d'insectes ne pullulent au même degré.
Il est probable, cependant, que l'on ne connaît encore qu'une très-petite portion de la famille des araignées, car un très-grand nombre d'entre elles sont
établies dans les branches les plus élevées des arbres
des forêts de l'intérieur, où elles échappent aux regards des rares collectionneurs qui pénètrent jusque-
là. Cette supposition acquiert plus de force lorsqu'on

songe combien d'espèces, jusqu'alors inconnues, ont été récemment découvertes dans notre Europe occidentale, si bien explorée. Les araignées que l'on connaît dans la Guyane appartiennent surtout à cette branche de la famille qu'on désigne sous le non d'araignées « chasseuses » ou « chasseresses », parce qu'elles ne tissent pas de toiles pour attraper leur proie comme la plupart des araignées de nos climats, mais se tiennent en embuscade, à la manière des félins parmi les quadrupèdes, et fondent sur leurs victimes au moment où celles-ci ne s'y attendent point. On trouve beaucoup de petites araignées de cette sorte dans les maisons du Démérary, où il est facile d'observer leurs habitudes et leurs manœuvres.

« Souvent, écrit un voyageur anglais, dont les récits ont été publiés dans les *Household Words*, il m'est arrivé de rester assis, pendant des heures entières, à suivre leurs opérations sur le plancher, sur le mur, sur la jalousie, où leurs formes compactes pouvaient à peine se distinguer, à l'état d'immobilité, d'une tête de clou ou d'un nœud dans le bois. Une mouche vient se poser à trois pieds ou environ d'un de ces maraudeurs à l'affût. Celui-ci l'a aperçue aussitôt, qu'elle soit derrière lui ou devant, peu importe, car l'araignée peut voir de tous les côtés. Avec quel empressement, mais en même temps avec quelle précaution, la bête traîtresse s'avance vers sa victime, qui ne se doute pas de ce dangereux voisinage ! Tantôt elle fait quelques pas furtifs, tantôt elle s'arrête ; enfin elle est parvenue à réduire des deux tiers la distance qui la séparait de la mouche ; elle est maintenant dans le cercle visuel de celle-ci, et un mouvement imprudent compromettrait le succès de ses calculs. Toutes ses facultés sont sur le qui-vive ; la mouche avance, l'araignée aussi ; — elle se porte d'un côté, l'araignée s'y porte également ; — elle recule, l'araignée fait de même : un seul esprit paraît animer les deux corps, tant il y a ensemble parfait dans leurs mouvements ; en avant, en arrière, obliquement, l'araignée se meut avec la même facilité ; elle glisse, au besoin, latéralement à la mouche, aussi régulièrement et aussi silencieusement que son ombre.

« Cependant la mouche s'est arrêtée : peut-être est-elle aux prises avec quelque grain de sucre égaré sur le plancher où se trouve-t-elle occupée à nettoyer sa petite tête, sur laquelle se sont fixées quelques particules de poussière, — car mesdames les mouches sont fort délicates sous ce rapport ; nous nous permettrions même de dire qu'elles sont des modèles de propreté, si nous ne craignions les réclamations de nos servantes et de nos cuisinières, qui sont sans doute peu édifiées d'avoir à recouvrir de housses les dorures du salon et à effacer sur leurs casseroles luisantes les traces irrévérencieuses du passage de l'insecte ailé. Peut-être encore la mouche surveille-t-elle de ses yeux en microscope quelques combats furieux que se livrent à ses pieds des milliers d'animal-

cules dont la petitesse se dérobe à nos regards, et
pense-t-elle avec un sourire de pitié méprisant, qu'elle
pourrait couvrir de sa puissante patte le champ de
bataille tout entier. Hélas ! pourquoi l'avis : « Garde
à vous ! » n'a-t-il pas été écrit sous son nez en caractères appropriés à ses sens et à son intelligence ? L'a-
raignée s'est approchée de plus en plus : on ne peut
surprendre ses mouvements tant ils sont circons-
pects ; on s'aperçoit seulement que l'intervalle entre
elle et sa victime diminue peu à peu. Elle n'en est
plus qu'à quelques pouces, peut-être à quatre ou
cinq : — elle se dispose à s'élancer..... La mouche
est sans doute absorbée dans la contemplation de
quelque Hector atomique entraîné du champ de car-
nage par quelque vaillant Achille..... O réveil plein
d'horreur ! — un élan, — un bond, — et voilà notre
pauvre mouche étreinte dans des serres qui ne connaissent ni pitié ni remords. »

Ces araignées sont merveilleusement organisées
pour sauter ; aussi sautent-elles à des distances considérables, en égard à leur taille ; leur bond équivaut
à plus de cinquante mètres pour un tigre, à plus de
trente mètres pour un kangurou, le meilleur sauteur
peut-être des quadrupèdes et qui ne franchit pas moins
de six mètres dans chacun de ses bonds. Quelques-
unes de ces araignées chasseresses se cachent parmi
les feuilles ou dans les crevasses de l'écorce des
arbres ; d'autres, plus ingénieuses, se tiennent en embuscade dans les calices et parmi les pétales des

fleurs, où il est à présumer que beaucoup d'entre elles, à la faveur des couleurs dont les a revêtues la nature, trompent leur proie en prenant l'apparence de pistils et d'étamines.

Les araignées terrières, du genre *mygales* des naturalistes, creusent dans la terre des trous circulaires ayant quelquefois jusqu'à un mètre de profondeur, dont elles tapissent les parois d'une épaisse toile soyeuse ; elles se garantissent, elles et leurs petits, contre toute intrusion importune, en fermant l'entrée de cette habitation par une trappe formée de petits fragments de terre, qu'il n'est pas possible, lorsqu'elle est abaissée, de distinguer du sol environnant.

Une autre espèce fileuse, appartenant au même genre et observée au Brésil par Swainson, construit une sorte de boîte en terre et en tissu, avec un couvercle à ressort, qu'elle suspend au centre de sa toile, et où elle se réfugie à l'approche d'un danger quelconque.

Les araignées à habitations souterraines, dont il vient d'être parlé plus haut, ont été étudiées attentivement à la Jamaïque par M. P. H. Gosse. Nous ne saurions mieux faire que de transcrire ici le passage que le savant voyageur naturaliste a consacré dans son livre[1] à ces bizarres architectes et à leurs merveilleuses constructions.

1. *A Naturalist's Sojourn in Jamaica.*

« En béchant leurs jardins, dit M. Gosse, les nègres mettent souvent à nu le nid souterrain de l'araignée à trappe (*cteniza nidulans*). On m'a très-souvent apporté de ces curieux édifices. Cette araignée construit son nid tubulé dans la terre molle, choisissant de préférence la terre cultivée, sans doute à cause de cette qualité. Chaque nid, cylindrique ou à peu près, a de quatre à dix pouces (10 à 25 centimètres) de profondeur sur un pouce (25 millimètres) de diamètre ; le fond en est arrondi, et l'ouverture, placée toujours à la surface du sol, est soigneusement bouchée par un couvercle circulaire.

« Ces nids ne sont pas tous également bien finis. Il y en a de plus ou moins compactes et dont le couvercle est plus ou moins bien adapté ; d'autres irrégulièrement bombés, avec des lambeaux qui pendent à l'extérieur, mais tous sont lisses et soyeux à l'intérieur. La douceur des parois n'empêche pas, cependant, certaines irrégularités de surface. La partie interne n'est pas luisante : elle ressemble assez à du papier qui aurait été mouillé et séché ; elle est toujours d'une couleur chamois rougeâtre, mais l'extérieur prend la teinte de la terre qui l'environne. L'ouverture du tube et les parties qui l'avoisinent sont très-fortes ; les parois ont souvent là une épaisseur d'un huitième à un quart de pouce, mais au fond elles sont beaucoup plus minces. Le couvercle ne fait qu'un avec le tube sur un tiers environ de la circonférence ; c'est ce qu'on pourrait appeler la char-

nière, quoique cette partie ne présente pas de structure qui lui soit propre. Le couvercle est simplement
plié à angle droit, — ce dont on s'aperçoit facilement
en partageant le nid dans son entier avec des ciseaux
au moyen d'une incision longitudinale passant par le
milieu du couvercle.

« J'ai examiné un grand nombre de ces nids, et
voici, je suppose, quelle est leur mode de construction
L'araigné creuse dans la terre humide un trou cylindrique, à l'aide de ses crochets ou mandibules, ayant
soin de rejeter au dehors tout fragment de terre à
mesure qu'elle le détache. Quand l'excavation est une
fois en train, elle commence à filer le revêtement
intérieur qui constitue l'édifice. Ce qui me le fait
croire, c'est qu'on trouve parfois des nids d'une très-
faible profondeur dont le couvercle et la partie supérieure sont achevés, mais dont le fond n'existe pas
encore. Évidemment, ce sont là des nids en cours de
construction.

« Je suppose que l'araignée tisse sa trame par
pièces détachées contre les parois de son trou, peut-
être aux endroits où la terre plus friable pourrait
s'affaisser ; c'est ce qui explique les paquets de fils
irréguliers qui font saillie sur la surface externe. Ces
pièces sont reliées entre elles par d'autres pièces qui
vont s'agrandissant toujours jusqu'à ce que toute la
muraille soit tapissée ; après quoi le fil se contourne
intérieurement, d'une manière continue, en couches
successives d'une texture très-dense quoique peu

épaisse. Sous un microscope d'une puissance de
220 diamètres, ces couches se résument en fils qui
s'entrecroisent et s'entortillent d'une façon très-irré-
gulière ; les uns sont simples et de 1/7000 à 1/2000 de
pouce en diamètre [1] ; les autres sont composés, c'est-
à-dire qu'on trouve dans un tissu séparé plusieurs fils
qui vont se réunir à un tissu plus épais qui ne se divise
pas.

« Aucune parcelle de terre n'est ajoutée au fil pour
former les couches extérieures de l'édifice, bien que
la nature adhésive du fil fasse qu'il reste des fragments
de terre attachés à la surface externe. L'ouverture du
tube est d'ordinaire un peu dilatée, de manière à former un rebord légèrement recourbé ; et le couvercle
est parfois un peu convexe à l'intérieur, de manière
à tomber plus sûrement sur l'entrée et la boucher
complètement. L'épaississement de la charnière, par
suites des couches additionnelles, n'est, je crois,
qu'accidentel, attendu que, dans le grand nombre de
nids que j'ai examinés, je n'ai remarqué ce mode de
structure que sur un ou deux. Dans les échantillons
les plus parfaits, l'épaisseur est la même dans toute
l'étendue du couvercle, lequel fait corps avec les parois et s'y enchevêtre jusqu'à la profondeur de quelques pouces.

« J'ai sous les yeux un nid d'une compacité toule
particulière, je l'ai ouvert dans sa longueur avec des

----

1. Le pouce anglais équivaut à 25 de nos millimètres.

ciseaux, comme je l'ai expliqué tout à l'heure. L'é-
paisseur de la substance ne dépasse nulle part 1/16 de
pouce (soit un peu plus d'un millimètre et demi) et se
maintient ainsi très-régulièrement à travers le couvercle et les parties supérieures. L'aspect de la tranche
ressemble à celle d'un carton de pâte ainsi partagé,
tant les couches qui la composent sont nombreuses et
compactes, surtout à l'intérieur, où l'on a peine à
les distinguer, même à l'aide de la loupe. J'ai trouvé
dans ce spécimen ce que je n'ai rencontré sur aucun
autre : il existe une rangée de petits trous tels que
pourrait en faire une aiguille très-fine tout autour du
bord mobile du couvercle, et une double rangée de
petits trous semblables se voit aussi sur le bord
immédiat du tube. Il y a une quinzaine de piqûres
dans chaque série, et ces piqûres traversent la substance d'outre en outre, de manière à laisser parfaitement pénétrer la lumière à travers chaque trou.

« Maintenant, à quoi servent ces orifices ? Je ne
crois pas, ainsi que je l'ai lu quelque part, que l'araignée y trouve un point d'appui pour ses crochets,
quand elle veut se barricader chez elle contre les efforts d'un ennemi ; de quelle utilité lui seraient, en
effet, les trous placés tout au bord du tube, si près du
bord même, qu'entre les trous du couvercle et ces
derniers il n'y a pas un huitième de pouce quand le
couvercle est complètement fermé ? Je me demande si
ce ne serait pas plutôt des ventilateurs pour renouveler
l'air ; car la trappe ferme si hermétiquement et le issut

général est si compacte, que, sans cette combinaison,
le tube serait imperméable à l'air. Et puis les trous du
couvercle, placé horizontalement, pouvant'être aisément bouchés par des parcelles de terre, la seconde
rangée qui crénèle les bords du tube perpendiculaire,
juste à la surface du sol, suppléerait en pareil cas. Ils
peuvent également servir à donner du jour.

« L'araignée qui habite ce nid est noire, avec le
thorax d'un poli excessivement brillant; elle a l'abdomen plein et rond et les pattes très-courtes. A la
moindre alarme elle se retire au fond de son tube,
d'où il n'est pas facile de la déloger, et quand on l'en
a tirée, elle semble inerte et sans force. Toutefois,
elle est fort redoutée, car sa morsure cause, dit-on, de
l'enflure et des accès de fièvre douloureux. »

Mais, de toutes les araignées qui chassent leur proie
sur la terre, dans les branches des arbres, parmi les
feuilles des plantes, qui se creusent des trous dans le
sol ou qui tissent des toiles délicates, il n'en est pas
qui surpasse, par la singularité de ses habitudes,
celle dont il va être ici question.

« Ce fut vers le milieu d'une journée passée parmi
les rapides de l'Aritaka, écrit le premier voyageur cité
plus haut, qu'en abordant sur un des nombreux ilots
dont le cours de la rivière est parsemé, je découvris
cette curieuse espèce se livrant à ses occupations ha-
bituelles. Laissant mes compagnons se reposer à
l'ombre, j'avais traversé l'eau et mis pied à terre sur

cet îlot, dont la rive, assez inclinée, était couverte
d'une forte végétation. Une bignonie, avec ses grappes
de fleurs d'un blanc de neige, aux larges étamines
cramoisies, répandant le plus suave parfum, avait
escaladé les branches d'un arbre qui se projetait au-
dessus de l'eau et mêlé ses feuilles à celles d'une délicate plante parasite qui s'était elle-même enroulée
autour de sa tige tortueuse et dont les petites
graines rugueuses, en partie recouvertes d'une enveloppe protectrice, se balançaient au vent par centaines, à l'extrémité de longues hampes déliées comme
des fils. Ces graines, pourvues d'une gomme odorante
et sucrée, paraissaient très-fréquentées par les nombreuses mouches qui bourdonnaient à l'entour. Je
m'imaginai que ces dernières servaient de pâture aux
oieaux qui s'envolèrent à mon approche ; mais je me
trompais, comme on va le voir.

« Voulant examiner ces graines de plus près, j'allais
en cueillir quelques-unes, lorsque ma main s'arrêta à
la vue de l'une d'elles, douée tout à coup d'une étrange
activité. Une jolie mouche, ne songeant qu'au plaisir
de pomper le doux nectar, s'était à peine posée sur
cette graine, qu'elle se trouva saisie dans une étreinte
peu amicale : la graine, tout à l'heure inerte, s'anima
soudainement, et serrant le pauvre insecte dans deux
ou trois paires de bras vigoureux, se balança dans
l'air, suspendue par un fil de soie, à trois ou quatre
pouces au-dessous de sa première position. La lutte
fut courte ; car la graine, ou plutôt l'araignée, — co-

quine aux formes compactes, au corps dodu, — eut
bientôt expédié sa victime, après quoi elle se retira
dans son antre pour la dévorer à plaisir.

« Expliquons maintenant comment l'araignée avait
pu se déguiser ainsi pour jouer son rôle. La graine,
comme il vient d'être dit, avait un aspect rugueux.
Cette apparence était produite par un gros renflement
noir et irrégulier qui en occupait le fond, et d'où une
multitude de côtes et de plis longitudinaux s'étendait
jusqu'au rebord de l'enveloppe. L'araignée, façonnée
tout exprès par la nature, imitait cette conformation
particulière de la graine en repliant sa tête sur son
énorme abdomen rouge, et en ramassant ensemble ses
vigoureux membres noirs de manière à simuler l'assemblage de côtes ou de rides dont je parlais tout à
l'heure. La foliole ombelliforme qui enveloppait en
partie la graine remplissait le même office pour l'araignée et complétait ce travestissement, dont ma description grossière ne peut faire comprendre qu'impar-
faitement l'ingénieux artifice. Les mouches avaient
évidemment le sentiment de la présence de leurs
ennemies et savaient aussi les distinguer, probablement à l'absence de la gomme odorante et attractive ;
car, tandis que chacune des vraies graines était ex-
ploitée par une ou plusieurs mouches, on n'en voyait
que fort peu s'arrêter accidentellement sur les fausses
graines, qui étaient, relativement aux autres, dans
la proportion d'au moins une sur quatre. »

Ici se présente une difficulté. Si les mouches possé-

daient, en effet, l'instinct nécessaire pour distinguer
les vraies graines des araignées déguisées, pourquoi
s'exposaient-elles sciemment à leur perte ? L'examen
de cette question nous conduit à un fait qui n'est pas
moins curieux que tout le reste. Les mouches, après
avoir pompé pendant quelque temps le nectar des
vraies graines, s'envolent en bourdonnant et s'abattent
négligemment sur le premier objet brillant qu'elles
rencontrent, insoucieuses du danger, ou incapables
de l'apercevoir. Le liquide mielleux est-il trop capiteux
pour leurs faibles têtes, et leurs libations auraient-elles
pour effet de troubler leur vision ? Ou bien encore le
sens de l'odorat qui, seul, leur permet de distinguer
l'ami de l'ennemi, serait-il émoussé, éteint chez elles,
par ces libations parfumées, et tombent-elles dans le
piège parce qu'elles s'en rapportent à leurs yeux, qui
ne leur signalent que la ressemblance des formes extérieures ? Peu importe au fond : il nous suffit de voir
là un exemple de l'adaptation des moyens à la fin et
de cet admirable instinct qui se révèle dans certaines
familles d'insectes et sur lequel nous aurons à revenir
plus loin. On trouve souvent dans les enveloppes de
graines occupées par les araignées une poche de leur
toile, d'un jaune pâle, remplie de petits : il est presque
impossible d'en déposséder la mère, qui se laisserait
déchirer membre par membre plutôt que de s'en séparer.

On demandera peut-être comment font tout d'abord
les araignées pour détacher les graines dont elles

prennent la place. La réponse la plus naturelle à cette question, c'est qu'elles prennent simplement possession de l'enveloppe après que les oiseaux ont mangé les graines ; car il est probable que ces graines sont la véritable nourriture des oiseaux, et non pas les mouches. Peut-être même les oiseaux viennent-ils pour manger les araignées, et, trompés comme les mouches elles-mêmes, arrachent-ils les graines de leurs tiges délicates, en cherchant leur proie. Mais cette dernière conjecture n'est ni aussi simple, ni aussi plausible que l'autre.

Les rapports compliqués de la plante, de l'oiseau, de l'insecte, présentent une de ces harmonies de la nature que Bernardin de Saint-Pierre se plaisait à décrire. La plante fournit à l'oiseau sa nourriture quotidienne, de l'ombre contre les ardeurs du soleil tropical, et peut-être des matériaux pour son nid. L'oiseau, en retour, aide à la propagation de la plante en disséminant ses graines, et, par cette multiplication des plantes, il augmente ses ressources alimentaires, celles de ses enfants et de ses semblables. Quant à l'araignée, elle est redevable à la plante des moyens, et à l'oiseau de l'occasion, d'attraper sa proie. La plante nourrit la mouche, et la mouche, à son tour, sert de pâture à l'araignée. Combien sont nombreuses les harmonies naturelles que nous comprenons ! Mais combien plus nombreuses encore celles qui sont au delà de la sphère de nos connaissances actuelles !

VIII

En examinant la nature animale, l'observateur intelligent pourra constater que la très-grande majorité
des êtres créés revêt des déguisements divers, dont
l'étude est fort intéressante par les rapprochements
qu'elle comporte avec l'histoire de ces êtres. Le monde
des insectes, particulièrement, en offre d'innombrables
exemples. Beaucoup sont connus (nous venons de
citer celui de certaines araignées), mais il en reste
un nombre considérable à découvrir encore et à mettre
en lumière.

Partout où un travestissement de cette espèce se
rencontre, on peut être sûr qu'il est d'importance vitale pour le possesseur, et la portion de la surface qui
peut s'en passer présente souvent un grand contraste
avec le reste. Les papillons blancs ordinaires de nos
jardins peuvent, sous ce rapport, être cités en première ligne. Leur coloration est arrangée de telle sorte,

que, quand ils sont endormis, aucune des parties parfaitement blanches ne se laisse voir ; on n'aperçoit
alors que la teinte jaunâtre foncée qui nuance le
dessous des ailes postérieures et le bout des ailes
antérieures. On peut en outre observer que cette
couleur ne se montre seule que quand l'animal repose véritablement, et non pas quand il se pose simplement sur une feuille ou une fleur, par un beau
soleil ; car dans ce dernier cas, les ailes sont plus ou
moins ouvertes et le blanc se révèle très-ostensible-
ment. Alors l'insecte est toujours sur le qui-vive et
prêt à fuir à l'approche de l'ennemi. Le soir, ou par
les jours sombres, il s'endort rapidement, et, quand on
l'aperçoit, il est aussi aisé de le prendre que de cueillir
une fleur. Son instinct l'aide aussi à se dissimuler aux
regards. Ainsi, à la chute du jour, on peut remarquer
le soin méticuleux que met le pauvret à se choisir un
gîte convenable ; on le voit en changer nombre de fois
avant qu'il se décide d'une manière définitive.

Le gentil petit papillon aux extrémités orangées
(*Anthocharis cardamines*), si beau lorsqu'il voltige
sur les haies par une claire matinée de printemps, est
admirablement protégé par la coloration de la surface
interne de ses ailes, quand il se repose le soir sur les
boutons ou les fleurs épanouies du persil sauvage (*An-
thriscus sylvestris*) ou sur quelque autre petite fleur
blanche. On ne voit jamais l'insecte toucher le persil
sauvage autrement que pour y dormir, de même qu'il
visite le petit géranium rose pendant le soleil pour le

nectar qu'il renferme ; à ce moment ses ailes sont ouverte, bien qu'il ne les déploie pas complétement.

Le collectionneur qui veut se procurer des spécimens frais et intacts de cet insecte n'a qu'à se munir
de quelques boîtes et à se promener le long des haies
par une calme soirée de mai : les jolis bouquets blancs
du persil sauvage ne lui manqueront pas, et au milieu
de ces fleurs, et les simulant exactement, il est sûr de
rencontrer le papillon aux extrémités orangées. Il
n'aura alors qu'à ouvrir une boîte et à la refermer tout
doucement sur l'insecte et la fleur, et à remettre dans
sa poche contenant et contenu. Rentré chez lui, il
reconnaîtra, en général, que l'insecte n'a pas bougé
de place. Il faut avoir soin toutefois de porter la boîte
droite et de n'y enfermer qu'une très-petite partie de
la fleur, autrement on risquerait d'endommager le
papillon. Avec des précautions, celui-ci arrivera
intact, et on pourra le tuer sans y toucher, en plaçant
la boîte sous un verre, avec deux ou trois gouttes
d'acide prussique sur un morceau de papier buvard.
Après un court instant, on trouvera la jolie créature
morte, au fond de la boîte, et déjà roidie, mais il sera
mieux d'attendre au lendemain pour la fixer à sa place
dans la collection.

Nous recommandons ce mode de capture comme
préférable sous beaucoup de rapports à ceux qu'on
emploie d'ordinaire pour les papillons. L'animal ne
se débat pas, et par conséquent ne s'endommage pas
comme dans le filet. Le collectionneur ne risque pas

10.

non plus de se donner des entorses en courant comme un fou sur un terrain parfois très-accidenté, l'œil nécessairement fixé sur l'objet de sa poursuite. Il n'a plus à s'occuper, comme lorsqu'il tient sa proie dans son filet, de lui presser le thorax entre les doigts pour lui donner la mort, — genre d'exécution qui d'ailleurs ne réussit jamais bien et qui ne fait que gâter la beauté et la symétrie de la forme extérieure du corps et briser le plus souvent les pattes. Notre moyen évite tous ces accidents; il a de plus l'avantage d'être instructif et amusant.

On peut toujours se procurer les papillons bleus en allant à leur retraite du soir et en les cherchant sur les boutons et les fleurs de l'herbe, du plantain, etc., où ils dorment la tête en bas. Dans cette attitude, ils ont avec leur perchoir une ressemblance générale si étroite, qu'il faut y regarder de près pour les distinguer. On ne saurait douter que tous les papillons n'aient le dessous des ailes teinté de manière à leur procurer des déguisements faits tout exprès pour les dissimuler à l'œil dans leurs lieux de repos.

Il est une particularité remarquable à observer chez les papillons soufre et jaune brouillé, c'est que, lorsqu'ils se posent, ne fût-ce que pour un moment, leurs ailes sont fermées et serrées l'une contre l'autre, malgré la beauté de leur surface externe — cet élégant manteau que la plupart des papillons aiment à étaler au soleil. Ces papillons font exception à la règle géné-

rale sous ce rapport, puisque, à l'état de veille, c'est
la face interne qu'ils laissent voir.

Les chrysalides de papillons possèdent de merveilleux moyens de se dissimuler à l'observation. Leur
écorce étant photographiquement sensibilisée pour
un court instant après que la peau de la chenille est
tombée, chaque individu revêt la couleur dominante
de son voisinage immédiat. Ce fait intéressant n'étant
pas généralement connu, M. T.-W. Wood a eu l'idée
de recueillir des chenilles de papillon queue d'hirondelle et de papillons blancs, afin d'obtenir des chrysalides qu'il se proposait de faire voir à une séance de
la Société d'entomologie. Voici comment il s'y est
pris : il a recueilli des chenilles et les a nourries sur
les plantes à elles propres ; il les a ensuite placées
dans des boîtes dont l'intérieur avait été garni de
couleurs différentes. Dès qu'elles s'y furent fixées, il
a laissé les boîtes ouvertes et exposées au soleil sur
une fenêtre. Il a obtenu ainsi d'excellents spécimens
de coloration sur les chrysalides, quand la métamor-
phose s'est opérée par un jour brillant et que les individus étaient entourés largement de la même couleur
que celle sur laquelle ils étaient placés. Dans ces conditions, les teintes particulières aux espèces étaient
considérablement effacées quand l'assimilation de la
couleur l'exigeait. A vrai dire, ces teintes n'existaient
plus, elles étaient complétement remplacées par du vert
brillant chez les chrysalides du papillon à queue d'hirondelle (*Papilio machaon*) et des papillons blancs.

Le même observateur a également collectionné un
grand nombre de chrysalides des deux espèces communes de papillons blancs détachées des pierres colorées d'une maison. Sur une des façades était une
treille, et là les chrysalides des deux espèces étaient
devenues vertes sous l'impression de la lumière filtrant
à travers les feuilles. Sur le côté nu de la maison il
n'existait aucune verdure, et il suffisait d'un coup d'œil
donné aux chrysalides venant de cette muraille pour
avoir une idée nette de la teinte de celle-ci. Comme
les chenilles ne sont évidemment pas influencées par
la couleur dans le choix qu'elles font du lieu où elles
doivent subir leurs transformations, il s'ensuit que
cette faculté photographique chez les chrysalides est
extrêmement importante comme tendant singulièrement à les rendre invisibles pendant la période de leur
inertie, qui dure de quelques semaines à la moitié
d'une année, et même à plus d'une année, dans certains cas exceptionnels.

Les chrysalides dorées des vanessides et autres
espèces sont extrêmement belles, et l'opinion émise
que leur dorure est une protection contre les oiseaux
a été confirmée par M. Jenner Weir, qui dit que les
oiseaux ne touchent jamais à ces chrysalides, les prenant évidemment pour des morceaux de métal. La
chrysalide du petit papillon écaille (*Vanessa urticæ*)
n'est dorée que quand elle se trouve au milieu d'orties,
car, quand elle est sur des murs, des palissades, des
troncs d'arbres, etc., la coloration est différente et les

taches argentées sont absentes. Il n'y aurait aucun
avantage pour ces chrysalides à revêtir la couleur
verte des feuilles, car elles se tiennent suspendues
par la queue sans aucune bandelette de soie pour les
retenir serrées contre leur surface d'attache, et la
couleur verte ne ferait que leur donner l'apparence
d'un morceau appétissant pour les oiseaux, etc. Il est
remarquable toutefois que les chrysalides appartenant
à ce genre soient affectées par les feuilles vertes d'une
manière si différente de celles des genres *Papilio* et
Pieris. La chrysalide du papillon à extrémités orangées, si remarquablement allongée comme forme, ressemble à la gousse des plantes de la famille des cruci-
fères ; celle du *Papilio podalirius* est colorée, bordée
et veinée comme une feuille morte.

Que maintenant le lecteur nous permette d'appeler
son attention sur quelques exemples de déguisement
chez les chenilles. L'un des plus saillants est celui
qu'offre la chenille du papillon queue d'hirondelle, qui
vit sur les feuilles de carottes.

Parmi les têtes de carottes dont M. Wood s'était
approvisionné l'année précédente pour nourrir ces
petites bêtes, il aperçut une petite feuille qui se détachait en haut relief sur un fond sombre. Il crut un
instant avoir affaire à une de ces chenilles, mais avec
un peu plus d'attention il reconnut son erreur. Cet
incident insignifiant l'amena à comparer la chenille et
la petite feuille, toutes deux placées sur un fond noir,
et il s'aperçut bientôt que les raies noires de l'insecte,

vu d profil, imitaient à s'y méprendre les interstices découpées des petites feuilles. Les extrémités diagonales des raies des flancs aident merveilleusement à la ressemblance, et les taches orangées elles-mêmes sont placées exactement au point où cette couleur commence à paraître sur la feuille de carotte, au bas de la dentelure entre autres. Pour la dimension aussi, l'insecte et ses marques concordent exactement avec les feuilles.

Les chenilles de quelques géométrides, si prodigieusement semblables pendant le jour à des brindilles mortes, sous le rapport à la fois de l'aspect extérieur et de l'immobilité, poussent leur travestissement à un point incroyable. A l'endroit où l'animal est en contact avec la branche sur laquelle il repose, c'est-à-dire entre les vrilles, on aperçoit un tout petit espace de blanc verdâtre, exactement de la même couleur que celui qu'offre la cassure d'une brindille fraîchement détachée de l'arbre.

La chenille de la phalène à ailes rouges sur la face inférieure (*Cotacala nupta*) est faite et teintée de manière à imiter exactement l'écorce du saule sur laquelle elle repose, pendant le jour, entièrement allongée. Le corps est très-aplati en dessous dans toute sa longueur, de manière à s'appliquer étroitement à l'écorce ; la tête penche obliquement, afin de ne pas attirer l'attention en faisant un angle droit avec la surface sur laquelle elle est placée, et de chaque côté, juste au-dessus des pattes, se trouve une frange de filaments dont l'usage est certainement d'absorber la lumière pour empêcher la forme de la chenille d'être révélée trop nettement par son ombre portée. Ces filaments touchent à l'écorce à leur extrémité et constituent une espèce de rideau. Cet appareil pour la dissimulation de l'ombre, beaucoup d'autres insectes le possèdent sans doute : ce serait un point à vérifier.

Une autre chose fort curieuse du même genre, c'est la forme anormale du petit de l'aphis de l'érable, dont le corps, la tête et les pattes sont frangés d'appendices plats en forme de feuille, placés de manière, quand l'animal repose sur une feuille et ramasse ses pattes, à entourer son corps tout entier d'une frange continue qui l'empêche d'être ainsi dénoncé par son ombre et qui, avec sa couleur verte, le rend parfaitement impossible à distinguer de la feuille sur laquelle il se tient.

Autre exemple analogue : Les chenilles des sphingides, bien que vertes dans l'ensemble de leurs couleurs, alors qu'elles se nourrissent sur les feuilles des plantes à elles spéciales, deviennent brunes juste avant de descendre sur le sol pour y chercher un lieu de retraite, cette couleur étant d'autant plus foncée sur le dos qu'elle est plus en vue.

Il n'y a peut-être pas dans toute la nature animale de plus singulière bizarrerie que cet étrange dessin de squelette que porte sur son dos velouté la phalène à tête de mort (*Acherontia atropos*). Le déguisement de cet insecte est un des plus extraordinaires qui éxistent. Quand le papillon est au repos, il a les ailes fermées et c'est alors un objet très-sombre. Mais quand il est dérangé, il s'agite aussitôt considérablement, voltigeant de çà, de là, et séparant ses ailes antérieures en laissant exposé à la vue son abdomen marqué de bandes semblables à des côtes. Si l'on joint à cela l'espèce de crâne dépouillé qui se voit sur son thorax, on conviendra que cette phalène est une bête d'assez vilain augure. Après cela, il est aisé de comprendre que ces particularités remarquables contribuent beaucoup à la longue à la conservation de l'espèce.

Ce papillon se trouve sur de nombreux points du globe. Il a d'ailleurs un sosie qui ressemble beaucoup à l'*Acherontia lethe* (un très-proche allié de notre phalène à tête de mort), c'est le *Macrosila solani*. M. Rolan Trimen, du Cap, a l'un des premiers appelé l'attention sur ce fait. Bien que la copie et l'original appartiennent à la même famille, on se tromperait en prenant cette ressemblance extraordinaire des deux insectes, comme couleur et comme marques, pour un signe de parenté très-proche. Loin qu'il en soit ainsi, dans la grande collection du British Museum, ils sont séparés par cinq genres qui ne renferment pas moins de quarante-quatre espèces.

Il serait fort curieux de rechercher si le lugubre habit de la phalène à tête de mort ne lui sert qu'à la protéger contre l'homme. Quand on se rappelle que ce papillon se rencontre en Chine, aux Indes, en Afrique,

—ce qui comprend les pays les plus anciennement connus et où la population est le plus dense, — et que l'on
considère que l'insecte est en rapport avec l'homme
par deux autres particularités fort importantes, à
savoir : que la chenille vit sur les feuilles des pommes
de terre, et que la phalène se nourrit de miel et com-
met de nombreux larcins dans les ruches, on n'est
pas éloigné de croire à la possibilité du fait, surtout
si l'on réfléchit à l'attitude de la phalène quand on la
dérange.

Le frelon à ailes claires (*Sphecia bombici formis*),
si semblable à la guêpe et si peu semblable à ce qu'il
est réellement, une phalène, s'efforce, quand on le
dérange, de piquer l'intrus par des coups répétés de
l'extrémité inférieure de son abdomen à bande jaune,
jouant jusqu'au bout son rôle en profitant ainsi de son
apparence formidable. Il est privé d'arme cependant
et ne compte que sur son travestissement pour se protéger; ce travestissement toutefois est si complet,
qu'à part les entomologistes, personne ne songerait
jamais que l'insecte n'est autre chose qu'une phalène.

La phalène faucon du troëne (*Sphinx ligustri*) prend
aussi, quand on la dérange, une attitude menaçante,
comme si elle pouvait et voulait piquer ; mais elle ne
persévère pas autant que la phalène frelon dans cette
humeur belliqueuse.

La phalène *phlogophora meticulosa* mérite bien
aussi une mention en raison de l'aspect particulier

11

qu'elle offre pendant le jour, qui est son temps de repos. Avec ses ailes antérieures recourbées sur leurs bords extérieurs, elle a tout l'air d'une feuille sèche. La courbure disparaît dès que l'animal se prépare à voler, car les ailes reprennent alors la forme aplatie qu'elles ont chez tous les autres insectes.

La phalène à barbes (*Gastropacha quercifolia*) présente, elle aussi, une remarquable ressemblance avec une feuille morte ; les palpes très-allongées en avant de la tête simulent la tige. La *Pygœra bucephala* a exactement l'air d'un fragment de baguette comme couleur et comme attitude.

On trouve aussi dans les jardins une petite phalène très-commune que nous devons mentionner ici. Elle appartient au genre *Antithesia* et a cela de fort remarquable que, quand elle est au repos, elle ressemble exactement à l'excrément du pierrot ou autre petit oiseau. Ses habitudes concordent parfaitement avec le déguisement qu'elle porte, car l'insecte se tient complétement en vue sur la surface supérieure des feuilles, etc., et on la voit choir à terre absolument comme un objet inanimé quand on secoue les feuilles.

« Je me rappelle, dit M. Wood, que nous suivons pas à pas dans tout ce chapitre, avoir une fois trouvé la *Tyati raderasa* au repos sur une tige de groseillier ; elle était, je crois, sur la fourche, ou près de la fourche de deux branches, à un pied de terre environ, pas plus haut assurément. Ce qui attira particulièrement mon attention, ce fut sa ressemblance avec un

petit éclat de caillou ; je crus même d'abord que ce
n'était pas autre chose. Les ailes antérieures étaient
réunies en forme de toiture élevée, de façon qu'on
n'en pouvait voir qu'une, et cela lui donnait l'air d'un
objet compact, solide. Il existe, à la base des ailes
antérieures, une tache de la même teinte exactement
de ce qu'on trouve sur la fracture ou partie interne
d'un petit caillou, avec une bordure blanche comme
la pierre en présente ; en dehors de ce cercle, le reste
est d'une nuance brun-rouge irrégulière, ce qui ajoute
à la ressemblance avec la pierre en question. »

En étudiant la face dorsale d'une phalène ou le dessous d'un papillon, on peut se faire une idée assez
nette de son attitude au repos et aussi de l'endroit
que choisit l'animal pour dormir. Qui peut douter, par
exemple, que le merveilleux papillon feuille-morte
de l'Inde septentrionale (*Kallima inachis*) ne se pose
de façon à montrer la surface inférieure presque tout
entière de ses deux ailes ? Celles-ci sont sillonnées
d'une forte ligne foncée représentant la côte centrale
d'une feuille. Cette ligne se briserait en deux directions différentes si l'insecte se posait dans n'importe
quelle autre attitude. Les grands papillons écaille et
paon (*Vanessa polychloros* et *Io*) laissent voir quand
ils dorment la plus grande portion de leur surface
inférieure. Mais le petit papillon écaille, l'amiral rouge
(*Vanessa urticæ* et *Atalanta*), et la majorité des
espèces britanniques montrent les ailes postérieures
et seulement le bout des ailes antérieures.

Le fait le plus merveilleux peut-être se rapportant à notre sujet, c'est que, dans beaucoup de déguisements, c'est le fond servant de repoussoir qui est imité. La chenille du papillon queue d'hirondelle en est un exemple, de même que le papillon à extrémités orangées ; le blanc des ailes postérieures de celui-ci, sur leur face inférieure, est coupé de vert sombre poudreux en maints points irréguliers, exactement de la grandeur et de l'aspect général des petites fleurs blanches sur lesquelles il se pose lorsqu'on le voit tranchant sur un fond verdâtre sombre. Quelques-unes des plus belles espèces de papillons charuxes de l'Inde et de la Chine ont la surface inférieure d'un très-beau blanc bleuâtre traversé par de fines bandes brunes. Ces insectes volent très-haut ; ils fréquentent les grands arbres, et il n'est pas douteux qu'ils ne dorment au milieu des branches. Le même entomologiste croit donc extrêmement probable que ce fond de couleur claire qui leur est propre représente le ciel, et les bandes brunes, les branches sur lesquelles ils reposent.

« Ceci n'est point une idée extravagante le moins du monde, dit-il ; puisque les fonds sombres sont bien représentés sur les ailes de certains papillons, pourquoi les fonds clairs n'y figureraient-ils pas aussi ? La couleur blanche des papillons dont nous parlons est légèrement teintée de bleu verdâtre et présente une surface polie, vernissée, capable de réfléchir de tous les points la couleur du ciel, en même temps que les marques brunes présentent un contraste tranché, en n'ayant pas cette même propriété de réflection ; il s'ensuit qu'elles se voient bien plus aisément que l'autre portion de la surface, et que leur ressemblance avec les brindilles d'alentour empêche qu'elles n'attirent l'œil de l'ennemi. »

Nos grands papillons, écaille, amiral rouge et d'autres, se retirent, pour dormir, sur le tronc des arbres, juste au-dessous de la base des branches, ou sur la face inférieure de celle-ci. Il est inutile d'insister ici sur l'aspect obscur de ces insectes au repos ; mais on peut remarquer combien la place qu'ils choisissent les protége admirablement du vent et de la pluie. Quand ces beaux insectes sont posés sur le sol, les ailes largement étendues au soleil, on les voit souvent, au lieu de fuir, les fermer par un mouvement excessivement brusque à l'approche d'une personne ; c'est pour eux un moyen de dissimuler leur présence sans quitter la place.

Le papillon jaune brouillé a une singulière habitude, qui doit lui être fort utile pour le faire échapper à la poursuite de ses ennemis. Voici en quoi elle consiste : l'époque où cet insecte se trouve en plus grande abondance est la fin du mois d'août, alors que les blés sont coupés ; or, comme les champs de blé et de trèfle (sa plante favorite) sont toujours voisins les uns des autres, le papillon jaune, quand il est poursuivi, gagne au plus vite le chaume, où il est impossible de le suivre, sa couleur étant exactement celle de la paille. Cet insecte a aussi la tactique de fermer tout à coup les ailes et de se laisser tomber à terre lorsqu'on lui donne la chasse ; mais on n'observe cette manœuvre que par les jours d'excessive chaleur, alors qu'il n'y a pas de vent pour assister l'animal dans sa fuite.

Parmi les phalènes, celles des sphingides appartenant au genre *Smerinthus* sont remarquables par la bizarre attitude qu'elles adoptent pendant le jour, les ailes partiellement relevées et très-séparées du corps. Les phalènes appartenant au genre *Chœrocampa* leur ressemblent parfois beaucoup sous ce rapport, mais elles sont plus élégantes ; à vrai dire, ce sont peut-être les plus élégants de tous les insectes nocturnes, outre qu'elles possèdent des couleurs et des bigarrures charmantes.

Il ne manque pas d'exemples de lépidoptères ayant des couleurs éclatantes sur les parties de leurs ailes destinées à être exposées quand ces insectes sont au repos. Certaines piérides exotiques ont des rouges extrêmement vifs ainsi placés. Il est probable que, comme pour notre papillon à extrémités orangées, il se trouve, à l'époque où elles se montrent, des fleurs de leur couleur sur lesquelles elles peuvent reposer en sécurité.

Les très-nombreuses espèces de papillons queue d'hirondelle sont remarquables comme ayant leurs plus magnifiques couleurs limitées à leurs ailes postérieures sur les deux faces. Les espèces anglaises peuvent être prises comme un excellent type de la famille sous ce rapport, la couleur générale étant un jaune pâle avec des marques noires. C'est sur les ailes postérieures seulement qu'on trouve du bleu finement pointillé de noir et une tache ocellée d'un magnifique rouge, surmontée de bleu. Dans la vaste collection des papillons queue d'hirondelle du British Museum, on compte cent trente espèces possédant ce caractère et une trentaine seulement faisant exception à cette règle, exception qui ne se trouve dans aucune des espèces renfermées dans vingt tiroirs de la collection.

Il existe un autre groupe de papillons, les *Catagrammas* de l'Amérique du Sud, dont les surfaces inférieures sont, chez presque toutes les espèces, vivement colorées ; toutes ont un trait particulier, bien connu des entomologistes. Des mœurs des deux groupes susmentionnés, on sait relativement peu de chose, et c'est fort regrettable. Espérons que cette très-intéressante branche de l'entomologie sera plus étudiée à l'avenir. Si les collectionneurs veulent observer les insectes dans leurs lieux de repos, le premier profit qu'ils en tireront sera d'augmenter singulièrement leurs collections.

Quelques cas peuvent être cités comme des exceptions à la loi du travestissement pendant le repos. La phalène du groseillier (*Abraxas grossulariata*), si commune dans les jardins, est de couleur très-voyante, bien que généralement elle se cache ; mais il faut admettre qu'en ceci elle n'est pas toujours heureuse.

Cet inconvénient est compensé de deux manières au moins : premièrement, elle est infiniment plus vigilante qu'aucune autre phalène ; deuxièmement, elle a une merveilleuse propension à faire la morte quand elle est prise, — mimique qui, par parenthèse, ne lui est nullement particulière. On trouve aussi très-communément dans les jardins en France et dans le midi de l'Angleterre une autre phalène plus petite, la coquille jaune (*Camptogramma bilineata*), insecte extrêmement joli, mais qui, pendant le jour, a grand soin de se dissimuler sous l'ombre protectrice de quelque feuille. Les phalènes de la pimprenelle (*Anthrocera*) sont très-éclatantes et quelque peu indolentes ; il est difficile d'expliquer leur profusion autrement qu'en les supposant douées d'un fumet désagréable aux oiseaux.

Que deviennent les centaines de papillons blancs (*Arya galathea*) qu'on rencontre dans certaines localités, et qui disparaissent le soir pour reparaître le lendemain matin plus vifs, plus brillants que jamais ? Un observateur intelligent, M. J.-B. Water, qui a collectionné une grande quantité de ces insectes, les a trouvés par terre, le soir, auprès des racines de longues herbes dures, et ceci explique parfaitement leur disparition.

Certaines plaques de couleur des ailes de ces insectes ont exactement l'aspect d'ombres fortes peintes par un artiste ; elles doivent souvent servir à dissimuler à l'œil la forme réelle de l'animal. On en trouve

des exemples nombreux ; la phalène œil de faucon en
est un. Les déguisements en feuille sont toutefois les
plus apparents de tous. On peut citer à ce propos un
grand papillon blanc à extrémités rouges de l'Inde
(*Iphias glaucippe*), qu'a décrit M. A.-B. Wallace, avec
d'autres curieux insectes observés par ce savant voyageur à l'état de liberté.

Il est intéressant de remarquer combien les deux
moitiés des insectes se correspondent exactement
comme forme et comme dessin. Les dentelures des
ailes de droite et de gauche des vanessides coïncident
avec une rare perfection, bien que les ailes ne soient
pas en contact dans l'enveloppe de la chrysalide et
qu'elles se développent indépendantes de chaque côté
du corps. Il existe pourtant certaines espèces de
marques où cette règle est violée ; nous voulons parler des petites mouchetures des ailes, particulièrement
les petites stries transversales, lesquelles généralement, peut-être même toujours, manquent entre elles
de symétrie. La phalène léopard (*Zeuzera œsculi*)
offre un frappant exemple de l'absence de symétrie
dans les marques des ailes ; ses taches sont toujours
disposées différemment sur chaque aile. Il en est de
même aussi, quoiqu'à un moindre degré, de la phalène
du groseillier, et aussi du papillon à extrémités orangées. A vrai dire, ce caractère se constate très-géné-
ralement sur les portions déguisées de l'animal.

Dans son enthousiasme pour les papillons, le même
entomologiste, dont nous venons de reproduire les

11.

curieuses observations, voudrait qu'à l'exemple des aquarium, qui ont tant fait pour répandre le goût de la zoologie marine, on créât des *vivarium* d'insectes. « On cultive aujourd'hui dans les principales capitales de l'Europe, dit-il, des plantes exotiques en grand nombre ; on aurait donc de la nourriture toute prête pour les chenilles de beaucoup d'espèces, souvent aussi belles que les papillons, et quelquefois beaucoup plus belles. Les papillons complètement développés sont une des merveilles de la nature que tout le monde admire plus ou moins. Si amateur de jardins qu'on soit, on est forcé de reconnaître qu'il y a bien peu de fleurs qui ne soient égalées, sinon même surpassées souvent, par leurs rivaux animés. »

IX

LES HUITRES.

L'OSTRÉICULTURE EN FRANCE.

Les habitants des Orcades professaient, dit-on, un profond mépris pour une certaine peuplade de l'île de Thulé qui se nourrissait de lépas, acte qui, aux yeux des Orcadiens, constituait le dernier degré de l'abaissement de la race humaine. Ce sentiment des Orcadiens policés à l'égard de leurs voisins conchivores, peut se comparer au dédain superbe avec lequel les zoologistes ont depuis traité les conchyliologistes. A son tour, le sec et prosaïque mathématicien s'est mis à regarder du haut de son orgueil le naturaliste, dont il classe les études parmi les exercices futiles et inutiles de l'intellect humain. Puis, tranchant sur le tout, l'oisif et vaniteux satirique, gonflé de son heureuse ignorance, accable de sa verve moqueuse et enveloppe

dans un mépris égal la science du naturaliste et celle
des calculateurs. Il est vrai que, de son côté, le critique n'échappe pas à la supériorité monnayé du mar-
chand enrichi, qui ne reconnaît de distinction entre
les mortels que celle qu'établit la fortune.

Quant à nous qui prisons tous les savoirs et tous
les mérites, nous trouvons qu'il y a profit à faire dans
chacun d'eux. La science et la philosophie découlent
des petites choses comme des grandes ; elles sont
partout; voire même dans les mollusques et les conchyliologistes, deux classes méconnues d'individus
estimables, souvent en contact les uns avec les autres,
mais avec plus d'avantage cependant pour les seconds
que pour les premiers.

Voyez l'huître. A quel point de vue le monde en
général, — et nous n'entendons pas seulement la masse
ignorante, — mais le monde intellectuel, le monde bien
élevé, le monde classique, — à quel point de vue,
disons-nous, le monde la regarde-t-il? Tout simplement
comme un mets délicat, comme une chose bonne à
manger. Le plus désintéressé des mangeurs d'huîtres
ne sépare les deux coquilles de la pauvre créature que
pour en avaler le contenu, sans examen ni réflexion.
Il savoure avec un *gusto* non dissimulé l'excellent
animal qui lui arrive dans un baril d'Ostende, de
Marennes ou de Cancale. Il délecte son palais et satisfait l'exigence de son estomac. Il ne s'arrête point à
contempler la curieuse complication de l'organisme
de la bête. Que lui importe son admirable réseau de

muscles et d'artères ? Il ne s'en doute seulement pas.
Il tranche la barbe du pauvre être, cette membrane de
l'étrange et curieux appareil au moyen duquel il res-
pire, aussi innocemment qu'il raserait la sienne. Il
avale la succulente bouchée sans songer qu'il dévore
un corps et des organes que toute la science humaine
ne parvient qu'à disséquer et à détruire sans l'ombre
d'espoir de les recomposer ni de les réaliser jamais.

Bien plus, Cuvier, Owen, Coste ou tout autre savant
profondément versé dans les mystères de ce monde
infiniment petit des mollusques, vînt-il pour un moment s'élever contre ce cannibalisme, l'acte d'un être
doux et calme en avalant un autre sans se rendre
compte de ce qu'il fait, un de ces grands savants fît-il
mille efforts pour éclairer notre ostréiphage en lui
découvrant les beautés de la conformation de la
victime, soyez sûr que le mangeur d'huîtres trouverait l'interruption aussi maladroite qu'impertinente,
et qu'il passerait outre en mettant à exécution son
intention première d'engloutir son huître sans autre
forme de procès.

Le monde est plein de semblables mangeurs. Quand
bien même nous réussirions, pour notre compte, à
leur persuader, à ces hommes sensuels, d'hésiter, —
d'écouter seulement cinq minutes, — nous sommes
convaincus qu'ils vivraient et mourraient plus sages
et plus heureux, mais qu'ils n'en restreindraient pas
d'une douzaine la consommation du malheureux testacé dont ils faisaient leur proie au temps de leur
ignorance.

D'un autre côté, voyez le pur conchyliologiste. Avec
quelle ardeur, avec quelle passion il vide son huître.
Croyez-vous qu'au moins il va examiner ou goûter
cette chair grasse et appétissante ? Pas le moins du
monde ; il la jette au vent et se contente de la rude et
inutile coquille qui lui servait d'enveloppe ; il en
compte toutes les sinuosités, tous les degrés superposés, sans s'inquiéter si là dedans a vécu une créature
quelconque. Il s'embarrasse peu de savoir comment
cette coquille a grandi en raison de l'âge de l'animal,
et comment cet animal était tourné. Toute son ambi-
tion se concentre dans le désir de posséder un beau
spécimen d'écaille d'huître. Ce désir, s'il est parvenu
à le réaliser, s'il tient son trésor... après lui avoir jeté
un dernier regard d'amour, il va se coucher et dort,
heureux toute la nuit, en rêvant qu'il est étendu sur
un banc d'huîtres exclusivement composé d'écailles
de choix et entièrement vides ! Lucien a ridiculisé les
philosophes qui consacraient leur vie à fouiller l'âme
des huîtres. Le philosophe satirique a dépassé son
but. Ces prétendus sages étaient de respectables personnes, comparées à leurs confrères qui ne s'occupent
pas plus de l'âme de l'huître que de son corps, mais
qui concentrent toutes leurs facultés dans la contemplation de sa coquille.

Et cependant il y a une certaine dose de philosophie
à extraire d'une coquille d'huître, philosophie à laquelle
n'ont jamais songé les conchyliologistes exclusifs, philosophie noble et merveilleuse, qui nous permet d'entre-

voir les œuvres de la puissance créatrice à travers les
incommensurables abîmes du passé ; philosophie qui
nous parle de la Genèse des huîtres, longtemps avant
que l'idée de la création de l'homme fût seulement
conçue ; qui nous donne, pour mesurer le temps de
l'édification de notre monde, un instrument que ma-
thématiciens, philosophes de la nature, astronomes
et savants réunis n'ont jamais pu inventer ; qui nous
ouvre et retourne les pages du livre où l'histoire de
notre planète, ses convulsions, ses repos et ses progrès successifs sont décrits d'une manière ferme et
sûre, en caractères irrécusables ! Les phrases de ce
livre s'enchaînent toutes les unes aux autres ; ce sont
les versets inséparables d'un psaume éternel et symé-
trique, d'un hymne harmonieux et grandiose, tout
inspiration et poésie. Et cependant les phrases de ce
poëme sublime sont pour la plupart de pauvres
coquilles d'huîtres et d'autres reliques semblables. Cet
alphabet n'est pas plus compliqué que le nôtre, et
quand on veut se mettre à épeler le livre sublime de
la Nature, on parvient bien vite à y lire couramment.
Nous le répétons donc, il y a une philosophie dans les
coquilles d'huîtres.

Et maintenant, dans l'huître elle-même, dans l'huître
animal, n'y a-t-il pas matière à philosopher ? Dans ce
petit corps mou et gélatineux, à la fois mâle et femelle,
gît tout un monde de vitalité et de paisible jouissance.
Quelqu'un a dit des terrains fossilifères qu'ils étaient
« des monuments du bonheur des premiers âges. »

N'est-il pas permis de voir dans un calme et tranquille banc d'huîtres la concentration du bonheur des temps présents. Tout engourdies que semblent les nombreuses créatures qui y sont agglomérées, chacune d'elles jouit là de la béate existence d'un dieu épicurien.

Le monde avec ses soucis et ses joies, ses tempêtes furieuses et ses calmes plats, ses biens et ses maux, tout est indifférent à l'insouciant mollusque. S'inquiétant peu de ce qui se passe dans son voisinage, même le plus immédiat, il concentre en lui-même son âme tout entière, sans toutefois se laisser absorber dans l'indolence et l'apathie, car son corps a ses tressaillements de vie et de jouissances. L'immense Océan sert à ses plaisirs ; chaque vague lui apporte une nourriture fraîche et choisie, qu'il saisit sans le moindre effort. Chaque atome d'eau qui vient en contact avec ses délicates branchies dégage l'air qu'il contient pour rafraîchir et tonifier le sang transparent de l'animal. Invisibles à l'œil nu, des millions de cils vibratiles se meuvent incessamment avec un battement synchronique sur chaque fibre de ses folioles frangées. Certes, le vieux Leuwenhoek pouvait bien s'écrier, en examinant au microscope la barbe d'un mollusque, « je ne pouvais me rassasier de ce spectacle, il n'est pas au pouvoir de l'esprit humain de concevoir tous les mouvements que je trouvai dans un espace qu'aurait couvert un grain de sable. » Encore le naturaliste hollandais, qui n'avait pas l'aide

puissante des instruments que nous possédons aujour-
d'hui, ne fit-il qu'obtenir un vague aperçu de l'admirable appareil ciliaire au moyen duquel ces mouvements s'exécutent.

Que d'étranges réflexions naissent dans l'esprit,
quand on songe que cet inimitable mécanisme a été
créé tout simplement pour le bien-être d'un malheureux mollusque ! Et ce n'est pas la seule merveille de
ce curieux organisme. L'animal réunit dans son être
plusieurs parties qui ne semblent pas essentielles à son
économie, parties dont il pourrait être privé sans troubler en rien l'harmonie de ses fonctions, et qui pourtant se retrouvent toujours si constamment et toujours
aux mêmes endroits, qu'on ne saurait douter qu'elles
n'aient eu leur place dans le plan originaire suivant
lequel fut conçue l'organisation des mollusques. Ce
sont des symboles d'organes destinés à être développés chez des créatures plus haut placées dans l'échelle
des êtres ; peut-être des antitypes de membres, des
anticipations de sens à l'état de projet, premiers traits
d'une esquisse qui doit s'achever ailleurs. Toutefois,
ces rudiments imparfaits ont ici leur but, car leur présence est un signe de corrélation et d'affinité entre une
créature et une autre. Au moyen de ce trait d'union,
il n'est peut-être pas impossible au mangeur d'huîtres
d'établir entre sa victime et lui un lien commun de
sympathie et de parenté... éloignée.

L'existence du mollusque n'est point un repos éternel et monotone. Étudiez les phases de la vie d'une

huître, depuis son âge le plus tendre, alors qu'elle est
encore à l'état d'embryon, libre des attaches maternelles, jusqu'à la consommation de sa destinée, quand
le couteau du sort séparera ses muscles et la condam-
nera à l'ensevelissement dans un sépulcre vivant.
Comment fait-elle son entrée dans le monde des eaux ?
Ce n'est pas comme bien des gens seraient disposés à
le croire, sous la forme d'une huître en miniature,
d'un petit bivalve immobile et stupide, défendu par
les murailles de sa prison. Non ; l'huître se lance dans
la carrière vive et frétillante, mollement ballottée par
les vagues, et aussi gaie et alerte dans ses humides
domaines, que le papillon et l'hirondelle sur l'aile des
zéphirs. Tout d'abord, c'est une petite créature mi-
croscopique, un amour d'huître, pourvu de lobes en
formes d'ailes, qui flanquent une bouche et des
épaules, et dégagée de toute espèce de membres
inférieurs. C'est dans cet état qu'elle passe sa joyeuse
jeunesse, allant, venant, gambadant, comme pour se
railler des pesants et immobiles auteurs de ses jours.
Elle voyage ainsi de banc d'huîtres en banc d'huîtres,
et si elle a le bonheur d'échapper aux embûches de
toute sorte que des milliers d'ennemis dressent à sa
jeune inexpérience, après avoir jeté son feu elle fait
une fin et vient chercher dans une solide écaille les
joies de la maternité.

Là, l'heureux mollusque pourrait achever paisible-
ment son existence et laisser aux siècles futurs ses
coquilles épaissies par le temps, comme un monument

de son passage ici-bas, tribut apporté à la fondation
d'une autre époque géologique, contribution à une
nouvelle couche de la croûte terrestre, n'était l'inexorable gloutonnerie de l'homme qui, arrachant ce sobre
citoyen de la mer à son lit natal, l'emporte sans
résistance au sein de cités populeuses et le livre en
pâture à la voracité de la foule. Si l'huître est belle,
de proportions recommandables et de saveur délicate,
elle est introduite dans la somptueuse demeure du
riche, à la manière du philosophe et du poète, pour
rehausser la splendeur des fêtes. Mais si c'est une
pauvre créature au dos bombé, aux formes épaisses,
au goût commun, le Destin lui assigne pour demeure
passagère le vaste baril du mareyeur des rues, d'où
elle sort bientôt fortement assaisonnée de gros poivre
et de vinaigre, et à moitié embaumée à la façon des
anciens rois d'Égypte, pour glisser dans l'estomac
affamé du premier venu.

Sans les soins pris pour conserver les bancs d'huîtres et veiller à leur prospérité, la guerre incessante
faite par la race humaine à ce mollusque tant estimé,
mais tant persécuté, aurait fini depuis longtemps déjà
par en anéantir l'espèce. Ce dut être un instinct naturel
qui poussa le premier mangeur d'huîtres à tenter sa
grande expérience.

« *Animal est aspectu horridum et nauseosum,* »
remarque avec raison Lentilius, « *sive adspectes in
sua concha clausum, sive apertum, ut audax fuisse
credi queat qui primum ea labris admovit.* » Une fois

cependant que le savoureux morceau fut goûté, l'aspect horrible et nauséabond de l'animal fut bien vite oublié. Les gastronomes apprirent de bonne heure à apprécier les différentes qualités de ce délicieux testacé, ainsi que celles de certains autres mollusques, selon le lieu de leur origine.

> .... « Non omne mare est generosæ fertile testæ.
> Murice Baiano melior Lucrina peloris :
> Ostrea Circeis, Miseno oriuntur echini ;
> Pectinibus patulis jactat se molle Tarentum. »

(...Mais toute la mer n'en produit pas d'un égal renom. Au murex de Baïes il faut préférer la palourde du Lucrin. Les huîtres se trouvent à Circé, les oursins à Misène et les larges pétoncles font l'orgueil de la voluptueuse Tarente.)

C'est ainsi qu'Horace enseignait les bons endroits où l'on devait se procurer les meilleurs échantillons des mollusques en faveur de son temps. Quant aux huîtres, cependant, nous ne croyons pas que jamais les huîtres de Circeium aient égalé celles de la Manche, et les anciens Romains ont droit aux félicitations les plus vives sur la justesse de leur goût, à propos de leur prédilection pour les huîtres des côtes d'Angleterre, à qui leur supériorité reconnue valut l'honneur, unique pour des mollusques, de se faire manger sur les tables de l'Italie, à une époque où il n'était question ni de steamers, ni de chemins de fer.

Quand Juvénal dit d'un de ses contemporains :

> « Circeis·nata forent, an
> Lucrinum ad saxum, Rutupinove edita fundo
> Ostrea, callebat primo de prendere morsu. »

on voudrait que cet aimable épicurien pût être rappelé un instant à la vie, et qu'il lui fût permis de passer une heure au milieu d'un parc aux huîtres de Londres ou de Paris, pour y retrouver ce succulent testacé, cultivé, civilisé et amené, après des siècles d'expérience, au plus haut degré de perfection.

D'après les naturalistes français qui se sont occupés de la matière, une huître n'est apte à paraître dans Paris qu'après avoir été soumise à une éducation préalable. En effet, les bancs artificiels créés sur les côtes de France, dans lesquels ces intéressantes bêtes sont emmagasinées pour en être retirées au fur et à mesure des besoins de la consommation, sont construits de manière à être baignés par la marée haute, et leurs habitantes, accoutumées à passer sous l'eau la plus grande partie des vingt-quatre heures, profitent de ce temps pour entr'ouvrir leurs écailles, ayant grand soin de les refermer hermétiquement dès que le flux s'est retiré. Habituées à ces alternatives d'immersions et d'air libre, elles finissent par s'ouvrir et se fermer à des intervalles réguliers, et elles continueraient ce manège à leur grand dommage dès leur arrivée dans Paris, si on ne leur apprenait pas d'une manière fort ingénieuse à éviter le mal. Chaque convoi d'huîtres, destiné à faire le voyage de la capitale, est soumis à un exercice préliminaire qui consiste à tenir la coquille fermée à d'autres heures qu'à celles de la marée basse, jusqu'à ce que le mollusque ait appris par expérience qu'il lui est nécessaire de se clore dans sa maison chaque fois qu'il est hors de l'eau. De cette façon, les huîtres font leur entrée dans la capitale du monde civilisé en huîtres bien élevées, sans bayer à tout venant, comme des paysans ébaubis. Toutefois, il est bien entendu que, pour notre compte, nous n'acceptons pas la responsabilité de cette anecdote conchyliologique.

Eu égard à la consommation toujours croissante des huîtres, au petit nombre et au peu d'étendue des bancs artificiels, et à la dévastation à laquelle l'insouciance des pêcheurs livre les bancs naturels et les lieux restreints où les mollusques se trouvent à l'état indigène, il viendra certainement un temps où l'espèce, si l'on n'y prend garde, décroîtra considérablement, et où le précieux testacé renchérira nécessairement au point de ne plus trouver place que sur la table du riche. La loi a fait de son mieux pour protéger les huîtres. Il est certain qu'avec des soins convenables, on peut en conserver une quantité déjà grande ; mais les huîtres n'ont pas que l'homme pour ennemi. Les astéries, avec leurs longues pattes inexorables, saisissent le moment où les imprudentes entr'ouvrent leurs coquilles pour les en arracher ; les buccins s'attachent à leur écaille supérieure et ne la quittent pas qu'elle ne soit percée d'outre en outre.

Heureusement que l'homme ne les enlève guère à leurs humides foyers avant qu'elles aient atteint leur maturité. Un propriétaire de parc aux huîtres peut dire exactement les âges de ses mollusques. Les huîtres sont dans toute leur perfection de cinq à sept ans. Ce n'est pas à la bouche qu'on reconnaît l'âge d'une huître ; c'est sur son dos que l'animal porte son acte de naissance. Quiconque a tenu une écaille d'huître a pu remarquer qu'elle semble faite de couches superposées disposées en gradins : ce sont ces *pousses* qui déterminent l'âge de l'animal, chacune d'elles marquant une année. Jusqu'à l'époque de la maturité, les *pousses* se succèdent régulièrement ; mais au delà de ce temps elles deviennent irrégulières et s'empilent les unes sur les autres de telle sorte que la coquille devient de plus en plus épaisse et massive.

A en juger par l'épaisseur de certaines coquilles, ce mollusque, vivant à sa guise et à l'abri des persécutions, est appelé à une longévité patriarcale. Dans les spécimens fossiles, il se trouve des écailles d'une énorme épaisseur. Dans certains terrains de formation primitive, on rencontre un nombre immense d'écailles d'huîtres par lits stratifiés. Dans chaque lit, tous les individus ont atteint leur pleine grosseur. Comme elles ont dû être heureuses, ces huîtres antédiluviennes, nées à une époque où les gastronomes n'existaient pas! Merveilleuse géologie, qui nous apprend

qu'il y avait des huîtres longtemps avant qu'il y eût
des hommes pour les manger, et des bancs d'huîtres
longtemps avant qu'il y eût des dragueurs pour les
pêcher !

Dans le langage scientifique, l'huître est désignée
sous le nom de *ostrea edulis*. Les Grecs l'appelaient
ὄστρεοι et se servaient comme de bulletin de vote de sa
coquille, nommée ὄστρακον, d'où l'expression bien
connue d'*ostracisme*. Pourvue d'une double coquille
qui s'ouvre et se ferme au moyen d'une charnière et
de muscles, l'huître est rangée dans la classe des bivalves ; ses branchies, disposées en feuillets, la font
en outre placer dans l'ordre des lamellibranches. Des
côtes de la Manche à celles de la Méditerranée on la
trouve à une profondeur variant de quatre à quarante
brasses. Tout le monde connaît la forme de l'huître.
Disons toutefois que son poids et sa taille ne sont pas
une indication du volume de chair renfermé dans les
écailles.

Anatomiquement, l'huître n'est pas le membre le
plus élevé de sa tribu, celle des mollusques, car,
quoique bien organisée sous d'autres rapports, l'huître
est dépourvue de tête. Les diverses parties qui constituent son corps sont enveloppées dans une espèce
de tunique membraneuse (le manteau), qui, non-seulement les renferme, mais qui forme la coquille extérieurement, en extrayant de l'eau les éléments miné-
raux dont cette coquille est composée. Les organes

que possède notre *ostrea* sont les suivants : un estomac et un canal digestif, un foie, un cœur et des vaisseaux sanguins, des branchies pour respirer, des muscles pour fermer ses valves, des glandes reproductrices et des nerfs.

Voyons d'abord le système digestif. D'œsophage, il n'en existe guère. La bouche, qui est placée près de la charnière, au fond de la cavité du coquillage, et qui est pourvue d'une paire de lèvres charnues, s'ouvre presque directement sur un vaste estomac perforé de canaux qui apportent la bile du foie. A l'autre extrémité du sac stomacal est attaché l'intestin. Ce tube, relativement plus long chez l'huître que chez la plupart des bivalves, est très-sinueux avant d'arriver à sa terminaison. Celle-ci est située sur le dos du muscle qui clôt la valve sur une saillie qui pointe vers l'ouverture de l'écaille.

Le foie est une glande large et importante ensevelie dans la substance de l'animal et d'une couleur brune foncée. Il se compose de lobes ou feuillets nombreux qui, à leur tour, contiennent des cavités plus petites dans lesquelles on peut voir les véritables cellules hépatiques. Le travail de la digestion, qui se fait autant dans l'intestin que dans l'estomac, consiste dans la solution et l'absorption de la matière verte végétale (*navicula*) dont l'animal se nourrit.

Le cœur, contrairement à ce qui a lieu chez la plupart des mollusques de la même famille, n'est pas traversé par l'intestin : on peut donc dire de l'huître

12

que le chemin de son cœur n'est pas l'estomac. Il est
situé au bas du dos de l'animal et se compose de trois
cavités, dont deux reçoivent le sang qui a été purifié
dans les branchies et dont la troisième chasse le fluide
vital dans les artères. Toutefois, le système de la cir-
culation est imparfait, car il n'y a pas de vaisseaux
entre les artères et les veines, et le sang qui s'échappe
des premières traverse les différents espaces (*lacuna*)
du corps avant d'entrer dans les secondes. Le fluide
nutritif lui-même est incolore, mais il contient de ces
granules que M. Wharton Jones a été le premier
à signaler. Ces espaces forment un beau réseau qui
cependant ne doit pas être confondu avec une autre
série de cavités que certains naturalistes supposent se rattacher à ce qu'ils appellent le système
aquifère.

Tout le monde a observé les branchies de l'huître:
ce sont ces franges délicates qu'on voit à la barbe
quand l'huître est ouverte. Il y en a quatre; elles sont
faites de plis du manteau membraneux et sont couvertes extérieurement de milliers de délicats filaments vibratiles appelés cils (*cilia*). D'après William,
ces feuillets branchiaux sont en grande partie composés de vaisseaux sanguins repliés sur eux-mêmes et
arrangés en séries parallèles. En outre, les cils sont
disposés de manière à créer des courants qui suivent
la direction du sang lui-même. Les branchies, étant
constamment exposées à l'eau fraîchement oxygénée,
donnent au sang la faculté de se purifier à ce contact

et de revenir au cœur pour être chassé dans les divers
organes qui en ont besoin.

L'huître a un muscle solide, un seul, — celui qui
ferme les deux valves et que le couteau de l'écaillère
tranche si cruellement en ouvrant la coquille. Ce
muscle se compose d'une masse compacte de fibres,
fermement attachées à la surface interne des deux
valves et placées vers le centre de chacune d'elles :
c'est par la contraction de cette masse fibreuse que
l'animal rapproche ses valves à volonté. On distingue
trois paires de centre nerveux qui sont réunies par de
véritables nerfs, et ceux-ci s'irradient sur tout le
corps. La première paire est placée près de la bouche,
de chaque côté de cet organe, et réunie par des filets
nerveux d'une extrême ténuité. La seconde est située
en arrière, auprès des branchies. La troisième, fai-
blement développée, est placée près de la masse la-
biale. La portion de l'appareil nerveux qui est ins-
tallée près de la bouche de l'animal peut être regardée
comme constituant une espèce de cerveau.

On a beaucoup discuté sur les organes reproducteurs de l'huître. Il paraît démontré aujourd'hui que
l'huître est hermaphrodite.

L'huître peut-elle voir ? William répond par l'affirmative et va même jusqu'à lui trouver trente yeux
distincts en saillie sur le bord du manteau. Mais
Siebold est d'un avis contraire et considère les prétendus yeux de l'animal comme de simples excrois-
sances dépourvues de puissance optique. La question

reste donc indécise. Il n'est pas douteux toutefois que ces mollusques ne soient sensibles à la lumière.

Voilà pour les caractères anatomiques généraux de l'huître ; on peut encore à son sujet poser quelques questions et celle-ci d'abord, par exemple : quel âge l'huître peut elle atteindre ? Un chiffre exact est difficile à donner, mais il est positif que, dans quelques cas, l'animal peut atteindre un grand âge. De l'examen de certaines huîtres fossiles, il semblerait résulter qu'elles ont dû vivre au moins une centaine d'années, mais évidemment, pour l'huître comme pour l'homme depuis l'époque des patriarches, ce sont là des cas exceptionnels.

Des mœurs de l'huître il n'y a pas grand'chose à dire. Elle ne possède aucune puissance de locomotion, si ce n'est à l'état embryonnaire. En conséquence, ce que raconte Lister des changements de position de l'huître, suivant les marées, peut être regardé comme de la fable pure.

L'huître se nourrit surtout de substances végétales. Quand elle trouve cette nourriture en abondance, elle s'engraisse. Elle se plaît aux températures chaudes et n'arrive pas à la perfection dans les climats froids. Voilà pourquoi les huîtres des côtes occidentales de la France, que réchauffe le Gulf stream, ont l'avantage sur les huîtres anglaises. Un fond, légèrement sablonneux ou vaseux et comparativement peu recouvert d'eau, est très-favorable au bon goût de l'huître adulte. C'est une question non encore résolue, toutefois, que celle de savoir si l'huître pourrait vivre dans l'eau douce aussi bien que dans l'eau salée. L'eau douce, dans tous les cas, n'affecte que son goût ; elle n'a pas d'effet sur son développement.

Rien ne donne à supposer que les anciennes nations de l'Orient cherchassent dans les huîtres un aliment. Les perles étaient parfaitement connues ; on les trouve même mentionnées dans l'Écriture. Mais, en dehors des huîtres, bon nombre de bivalves produisent des perles, et les huîtres de Ceylan (la Taprobane antique), quelque prisées qu'elles fussent pour les perles qu'elles donnaient, ne figurèrent pas sur la table des gourmets de l'antiquité.

Les Romains, eux, connaissaient fort bien l'huître et comme mollusque *alimentaire* et comme mollusque producteur de la perle, témoin la célèbre perle que César envoya à Cléopâtre.

Il n'est pas étonnant que ce peuple, qui fit une étude si profonde de tous les conforts de la vie, ait connu l'art de la culture artificielle des huîtres. Pline, dans son *Histoire naturelle* (liv. IX, chap. LXXIX), parle en ces termes du Romain qui introduisit le premier l'ostréiculture chez les anciens :

« Le premier individu qui créa des bancs d'huîtres artificiels fut Sergius Orata, qui les établit à Baia au temps de Lucius Crassus l'orateur, juste avant l'époque de la guerre marsique. Ce n'est pas pour une satisfaction de gourmandise que S. Orata imagina ces parcs, mais bien pour en tirer profit. C'est lui qui le

12.

premier aussi inventa les bains suspendus ; puis il
acheta et bâtit des villas qu'il revendait quand il
trouvait l'occasion favorable. C'est lui encore qui sut
donner la prééminence pour le goût aux huîtres du
lac Lucrin ; *car toute espèce d'animal aquatique se
trouve être meilleur dans un lieu que dans un autre.*
Ainsi, le meilleur anarrhique du Tibre est celui qu'on
prend entre les deux ponts ; le meilleur turbot est
celui de Ravenne, la meilleure murène vient de Sicile,
et les meilleurs élopes de Rhodes. Il en est de même
de tous les autres articles de gastronomie. On ne connaissait pas encore les huîtres des côtes britanniques
à l'époque où Orata fit ainsi la répartition des huîtres
du lac Lucrin. Plus tard, cependant, on en alla chercher à Brindes, au bout de l'Italie, et on les nourrit
dans le Lucrin. »

Deux lignes d'explication sur ce paragraphe.

On n'est pas d'accord sur l'origine du nom d'Orata
ou Aurata donné à ce Sergius. Les uns croient que ce
nom lui venait de ce qu'il était grand amateur de
carpes dorées, les autres, de ce qu'il portait aux
oreilles de larges anneaux d'or. Dans tous les cas, c'é-
tait un homme riche et entreprenant, très-partisan du
luxe et des élégances de la vie. En effet, malgré le dire
de Pline, qu'il cultivait les huîtres pour en faire argent
comptant, Cicéron (*De finibus*, lib. II) l'appelle *luxu-
riarum magister*, un maître en fait de luxe. Son industrie de constructeur de villas pour les revendre n'est
pas inconnue de nos jours. Quant à ses bains suspendus

(*pensilia balnea*), les commentateurs et les architectes
supposent qu'ils consistaient en une forme particulière
de planchers au-dessus des bouches de chaleur du
calorifère. Pour ce qui est de la qualité relative des
poissons selon le lieu de leur provenance, nous y reviendrons plus loin. Mais nous dirons tout de suite que
Pline a insisté plus d'une fois sur l'excellence des
huîtres britanniques. Il les cite ailleurs comme un
manger exquis. Ce qu'il dit des mœurs de ce mollusque prouve qu'il l'a beaucoup étudié.

« Les huîtres, écrit-il, aiment l'eau douce et les
rivages où de nombreuses rivières se déchargent dans
la mer. On ne les rencontre guère au milieu des rochers et dans les lieux éloignés du contact de l'eau
douce, comme dans le voisinage de Grynium et de
Myrina, par exemple. Généralement elles augmentent
de grosseur à mesure que la lune croît, comme nous
l'avons déjà fait remarquer en traitant des animaux
aquatiques. Mais c'est au commencement de l'été plus
particulièrement et quand les rayons solaires pénètrent
les eaux basses que les huîtres se gonflent de substance laiteuse. C'est là aussi une raison qui explique
leur petitesse quand on les prend au large ; l'opacité
de l'eau tend à arrêter leur croissance.

« Les huîtres affectent diverses teintes. Elles sont
rouges en Espagne, fauves en Illyrie et noires à Circeium, — la chair aussi bien que la coquille. Mais
dans chaque pays les huîtres les plus estimées sont
les huîtres compactes qui ont plus d'épaisseur que de

largeur. Il ne faut jamais les prendre dans des fonds
de vase ou de sable, mais les détacher de fonds durs
et solides. La chair doit être ferme, mais non charnue.
Le mollusque ne doit pas avoir de bords frangés; il
faut qu'il soit contenu tout entier dans la cavité de la
coquille. Les experts en cette matière exigent encore
d'autres conditions; il faut, disent-ils, que la barbe
soit bordée d'un filet pourpre, de ce filet qui leur vaut
le nom de *calliblephara* (à belles paupières).

« Les huîtres sont d'autant meilleures qu'on les fait
voyager et qu'on les change d'eau. Ainsi, les huîtres
de Brindes, nourries dans les eaux de l'Averne, conservent leurs qualités natives et acquièrent en outre
le goût de celles du lac Lucrin.

« Examinons maintenant les pays qui produisent
l'huître, afin d'accorder à chacun sa part de mérite;
mais ici nous emprunterons l'opinion d'un écrivain
qui s'est montré plus connaisseur sur ce point qu'aucun
des autres auteurs contemporains. « Les huîtres de
« Cyzicum, dit Mucianus, sont plus grosses que celles
« du Lucrin, plus fraîches que celles des côtes britan-
« niques, plus douces que celles du pays des Médules,
« plus savoureuses que celles d'Éphèse, plus grasses
« que celles de Lucum, moins visqueuses que celles
« de Coryphasium, plus délicates que celles d'Istrie,
« et plus blanches que celles de Circeium. » Malgré
tout cela cependant, il est positif qu'il n'existe pas
d'huîtres plus fraîches ni plus délicates que les huîtres
de Circeium, mentionnées en dernier lieu.

« D'après les historiens de l'expédition d'Alexandre, les Grecs trouvèrent dans la mer de l'Inde des huîtres d'un pied de diamètre. Chez nous aussi il est des huîtres très-larges que certains gourmands désignent sous le nom de *tridacna ostrea* (à trois morsures), voulant ainsi donner à entendre qu'il les faut couper en trois pour pouvoir les manger. Nous profiterons de l'occasion pour dire quelles sont les propriétés médicinales attribuées aux huîtres. Les huîtres sont singulièrement rafraîchissantes pour l'estomac et tendent à aiguiser l'appétit. »

La coutume où l'on est encore de manger quelques huîtres au début du dîner, pour ouvrir l'appétit, prouve que l'huître n'a rien perdu dans l'estime des modernes sous le rapport de ses excellentes qualités hygiéniques. La grande huître, désignée sous le nom de *tridacna*, nous rappelle l'huître américaine. Juvénal, nous l'avons vu, parle des huîtres de Rutupea comme étant très-estimées. Ce lieu est le Richborough actuel, dans le comté de Kent.

Valère-Maxime, un chroniqueur qui vécut à une époque postérieure de beaucoup à celle de Pline, parle aussi de Sergius Orata. Contrairement à Pline, Valère-Maxime attribue les entreprises d'ostréiculture de Sergius bien plus à son amour du luxe qu'à une question de commerce. Mais, malgré l'épithète de Cicéron, la version du naturaliste est la plus probable. Voici d'ailleurs ce que dit Valère-Maxime :

« Caïus Sergius Orata fut le premier à inventer les

bains suspendus... c'est lui qui, pour mettre son palais
à l'abri des caprices de Neptune, créa des mers à son
usage, en protégeant des étuvières contre l'action des
vagues et en y enfermant au moyen de barrages différentes espèces de poissons, de manière à pouvoir,
quel que fût l'état de la mer, pourvoir en tout temps
au luxe de sa table. Il couvrit les bords du lac Lucrin
de constructions spacieuses, afin d'avoir sans cesse
des huîtres fraîches. En empiétant de la sorte sur le
domaine public, il eut avec Considius, un fonction-
naire des finances, un procès dans le cours duquel l'a-
vocat Lucius Crassus dit que Considius se trompait s'il
croyait qu'en évinçant Orata du lac on l'empêcherait
d'avoir des huîtres. Orata, à défaut de lac, saurait bien,
ajoutait-il, faire pousser des huîtres sur les toits. »

Dans sa description du lac Fusaro, Coste donne la
meilleure idée possible des travaux exécutés par les
Romains pour la culture des huîtres par les moyens
artificiels. Comme cette description fait partie d'un
volumineux document sorti des presses de l'imprimerie
impériale, et qui n'est pas dans le commerce, le lecteur nous saura gré sans doute d'en extraire ici quelques passages :

« Au fond du golfe de Baïa, entre le rivage et les
ruines de la ville de Cumes, on voit encore dans l'intérieur des terres, les restes de deux anciens lacs, le
Lucrin et l'Averne, communiquant jadis ensemble par
un étroit canal, et dont l'un, le Lucrin, donnait accès
aux flots de la mer à travers l'ouverture d'une digue

sur laquelle passait la voie Herculéenne ; bassins
tranquilles qu'un soulèvement de ce sol volcanisé a
presque complètement comblés, et où, comme di-
saient les poëtes, la mer semblait venir se reposer.
Une couronne de collines hérissées de bois sauvages
projetant leur ombre sur leurs eaux en avait fait une
retraite inaccessible, que la superstition consacra aux
dieux des enfers, et où Virgile conduit Énée. Mais
vers le septième siècle, quand Agrippa les eut dépouillées de cette végétation gigantesque et que fut
creusée la route souterraine (grotte de la Sibylle) qui
conduisait du lac Averne à la ville de Cumes, le mythe
dévoilé disparut devant les travaux de la civilisation.
Une forêt de splendides villas, bâties et ornées avec
les dépouilles du monde, prit la place de ces sombres
bocages. Rome entière se donna rendez-vous dans ce
lieu de délices, où l'attiraient un ciel si doux et une
mer d'azur. Les sources chaudes, sulfureuses, alumi-
neuses, salines, nitreuses, qui coulaient du sommet
de ces montagnes, devinrent le prétexte de ces émi-
grations de patriciens que l'ennui chassait de leurs
demeures. »

Coste trace ensuite une esquisse des travaux de
Sergius Orata, en adoptant et en développant l'histoire de Valère-Maxime. Puis il décrit la méthode en
cours aujourd'hui sur le lac Fusaro pour la culture
des huîtres, et qui y a existé de temps immémorial.
Cette méthode, selon lui, est précisément celle de Sergius Orata. Il existe des preuves qu'elle remonte peut-

être au siècle d'Auguste, ou, comme Pline l'avance,
au temps de l'orateur Crassus, avant la guerre des
Marses. Ces preuves consistent en deux vases funéraires en verre, découverts l'un dans la Pouille,
l'autre aux environs de Rome. Ces vases sont couverts
de dessins de perspective dans lesquels on reconnaît
des viviers attenant à des édifices et communiquant
avec la mer par des arcades. Sur l'un d'eux on lit :
STAGNUM PALATIUM (nom que portait quelquefois la
villa de Néron sur les bords du Lucrin), et au-dessous
OSTREARIA. L'autre vase, conservé au musée de la
Propagande à Rome, porte les mots suivants : STA-
GNUM NERONIS, OSTREARIA SYLVA, BAIA. Les viviers représentés sur ces vases funéraires montrent une certaine disposition de pieux enchevêtrés en sens divers,
disposés en cercles, et qui n'étaient là évidemment
que pour recevoir et garder la progéniture des huîtres,
suivant la méthode pratiquée aujourd'hui par les os-
tréiculteurs du lac Fusaro. Coste décrit tout au long
cette industrie du lac en question, et comme cette
étude a été pour lui la base de ses travaux subsé-
quents et qu'elle explique une foule de points essen-
tiels qu'il est bon de connaître tout d'abord, nous
allons lui faire quelques emprunts :

« Entre le lac Lucrin, les ruines de Cumes et le cap
Misène, écrit l'éminent et regretté professeur, se
trouve un autre étang salé, d'une lieue de circonférence environ, d'un à deux mètres de profondeur dans
la plus grande étendue, au fond boueux, volcanique,

noirâtre, l'Achéron de Virgile enfin, qui porte aujour-
d'hui le nom de Fusaro. Dans tout son pourtour, et
sans qu'il soit possible de dire à quelle époque cette
industrie a pris naissance, on voit, de distance en distance, des espaces, le plus ordinairement circulaires,
occupés par des pierres qu'on y a transportées. Ces
pierres simulent des espèces de rochers que l'on a
recouverts d'huîtres de Tarente, de manière à trans-
former chacun d'eux en un banc artificiel. Il y a quarante ans environ, les émanations sulfureuses du cra-
tère occupé par les eaux du Fusaro ayant pris une trop
grande intensité, les huîtres de tous ces bancs artificiels périrent, et, pour les remplacer, on fut obligé
d'en faire venir de nouvelles.

« Autour de ces rochers factices, qui ont en général deux à trois mètres de diamètre, on a planté des
pieux assez rapprochés les uns des autres, de façon
à circonvenir l'espace au centre duquel se trouvent
les huîtres. Ces pieux s'élèvent un peu au-dessus de la
surface de l'eau, afin qu'on puisse facilement les saisir
avec les mains et les enlever quand cela devient utile.
Il y en a d'autres aussi qui, distribués par longues
files, sont reliés par une corde à laquelle on suspend
des fagots de menu bois, destinés à multiplier les
pièces mobiles qui attendent la récolte.

« A la saison du frai, qui a lieu ordinairement de
juin à la fin de septembre, les huîtres effectuent leur
ponte, mais elles n'abandonnent pas leurs œufs, comme
le font un grand nombre d'animaux marins. Elles les

13

gardent en incubation dans les plis de leur manteau, entre les lames branchiales. Ils y restent plongés dans une matière muqueuse nécessaire à leur évolution, matière au sein de laquelle s'achève leur développement embryonnaire.

« Ainsi liée, la masse que forment ces œufs ressemble par sa consistance et sa couleur à de la crème épaisse ; aussi nomme-t-on par analogie *huîtres laiteuses* celles dont le manteau renferme du frai. Mais la teinte blanchâtre si caractéristique des œufs fraîchement pondus prend peu à peu, à mesure que l'évolution se poursuit, une nuance d'un jaune clair, puis d'un jaunâtre plus obscur, et finit par dégénérer en gris brun, ou en gris violet très-prononcé. La masse totale qui a perdu en même temps de sa fluidité, probablement par suite de la résorption progressive de la substance muqueuse qui enveloppait les œufs, offre alors l'aspect d'un banc compacte. Cet état annonce que le développement touche à son terme, et devient l'indice de la prochaine expulsion des embryons, et de leur existence indépendante ; car déjà ils vivent très-bien hors de la protection que leur fournissaient les organes maternels. Bientôt, en effet, la mère rejette les jeunes éclos de son sein. Ils en sortent munis d'un appareil transitoire de natation, qui leur permet de se répandre au loin et d'aller à la recherche d'un corps solide où ils puissent s'attacher. Cet appareil, découvert par M. le docteur Davaine et décrit dans le remarquable travail qu'il a entrepris et exécuté sous

les auspices de M. Rayer, mon confrère à l'Académie
des sciences, est formé par une sorte de bourrelet
cilié pourvu de muscles puissants à l'aide desquels
l'animal peut à volonté le faire sortir hors des valves
ou l'y faire rentrer. Lorsque la jeune huître est parvenue à se fixer, ce bourrelet qui lui est désormais
inutile tombe, ou, ce qui est plus constant, s'atrophie
sur place et disparaît peu à peu.

« Le nombre des jeunes qui sont ainsi expulsés, à
chaque portée, du manteau d'une seule mère ne s'é-
lève pas à moins d'un à deux millions ; en sorte qu'aux
époques où tous les individus adultes qui composent
un banc laissent échapper leur progéniture, cette
poussière vivante s'en exhale comme un épais nuage
qui s'éloigne du foyer dont il émane, et que les mouvements de l'eau dispersent, ne laissant sur la souche
qu'une imperceptible partie de ce qu'elle a produit.
Tout le reste s'égare, et si ces animalcules, qui errent
alors çà et là par myriades au gré des flots, ne rencontrent pas des corps solides où ils puissent se fixer,
leur perte est certaine ; car ceux qui ne sont pas devenus la proie des animaux inférieurs qui se nourrissent d'infusoires finissent par tomber dans un milieu
impropre à leur développement ultérieur, et souvent
par être engloutis dans la vase [1]. »

1. Moquin-Tandon semble adopter l'opinion de ceux qui
pensent que les jeunes huîtres, espèces de larves, peuvent, à
l'aide d'un appareil musculaire puissant, nager avec facilité,
flotter autour de leur mère, et même, au moindre danger, se
réfugier entre les valves maternelles, — ce qui assimilerait les
huîtres aux kangurous.

Après ces notions préliminaires, Coste décrit le
mode adopté par les pêcheurs du lac Fusaro pour
donner artificiellement aux jeunes huîtres le moyen
de se développer et de trouver des lieux propres à
leur développement. Les pieux et les fagots dont on
y entoure les bancs artificiels ont précisément pour
but d'arrêter au passage cette poussière propagatrice
et de lui offrir des surfaces où elle puisse s'attacher
« comme un essaim d'abeilles aux arbustes qu'il rencontre au sortir de la ruche ». Cette poussière, en
effet, s'y cramponne et y croît assez vite, pour qu'au
bout de deux ou trois ans chacun des corpuscules vivants dont elle se compose puisse être devenu adulte,
c'est-à-dire être bon à manger.

« Les faits dont m'ont rendu témoin les pêcheurs
chargés de l'exploitation du lac Fusaro, dit Coste,
confirment ce que j'avance ici. Des piquets de renou-
vellement fichés autour des bancs artificiels, depuis
trente mois environ, ont été retirés devant moi chargés
d'huîtres auxquelles on pouvait assigner, malgré les
nombreuses variations de taille, trois époques distinctes. Les plus grandes provenant du premier frai
qui s'était fixé sur ces pieux avaient de 6 à 9 centimètres de diamètre et pouvaient la plupart être livrées
au commerce ; les moyennes, dont le diamètre était
de 4 à 5 centimètres, n'avaient que seize ou dix-huit
mois, et étaient le produit d'une deuxième saison ; les
plus petites offraient le module d'une pièce de deux
francs, les autres, celui d'une pièce de cinquante

centimes; d'autres enfin avaient la largeur d'une grosse lentille, c'est-à-dire 6 à 8 millimètres. Dans cette troisième catégorie, l'âge des premières, d'après le témoignage des pêcheurs, était à peu près de six mois ; celui des secondes de trois ; les dernières n'auraient eu qu'un mois ou quarante jours d'existence. Or, l'accroissement de celles-ci paraîtra assez rapide si l'on veut considérer qu'au moment de leur expulsion elles n'avaient qu'un cinquième de millimètre de diamètre [1].

« Lorsque la saison de pêche est venue, on retire les pieux et les fagots, dont on enlève successivement toutes les huîtres réputées *marchandes*, et, après avoir cueilli les fruits de ces grappes artificielles, on remet l'appareil en place pour attendre qu'une nouvelle génération amène une deuxième récolte. D'autres fois, sans toucher aux pieux, on se borne à en détacher les huîtres au moyen d'un crochet à plusieurs branches. La source d'où ces générations émanent reste donc permanente, se perpétuant et se renouvelant sans cesse par l'addition annuelle de l'infime minorité qui ne déserte pas le lieu de sa naissance. Le produit de la pêche, renfermé et entassé dans des paniers en osier de forme sphérique et à larges mailles, et provisoire-

1. D'après Dureau de la Malle (Acad. des sc., 19 avril 1852), de jeunes huîtres, déposées dans les parcs de Cancale, prendraient un très-rapide accroissement. En un an et demi, elles atteindraient 9 centimètres, tandis qu'il leur faudrait pour cela cinq ans sur le banc de Diélette.

ment déposé, en attendant la vente, dans une réserve ou parc établi dans le lac même, à côté du pavillon royal, et construit avec des pilotis qui supportent un plancher à claire-voie, armé de crochets auxquels on suspend les paniers. »

Ce fut l'étude de ces procédés qui fit naître chez Coste l'idée d'organiser et d'encourager en France la culture des huîtres. Auparavant, la pêche des huîtres y était, comme en Angleterre, l'occupation d'un nombre restreint de personnes qui s'en étaient fait une espèce de monopole. Au lieu d'entrer dans l'alimentation ordinaire, l'huître était devenue un luxe de table, et par suite de la déplorable habitude de draguer les bancs outre mesure, ce précieux mollusque devenait de plus en plus rare. Coste démontra que si, au moyen de quelque procédé analogue à ceux du lac Fusaro, l'on ne mettait un terme à cette espèce de massacre de la poule aux œufs d'or, les huîtres finiraient bientôt par disparaître. Leur culture, au contraire, pourrait devenir une industrie aussi fructueuse que la culture du sol et une source inépuisable de richesse nationale. L'ingénieux professeur persuada le gouvernement d'entreprendre cette grande œuvre. Déjà M. Carbonel avait essayé d'appeler l'attention sur la nécessité de créer sur le littoral français des bancs nouveaux. Cette entreprise d'utilité publique, disait Coste, ne pouvait être accomplie que par la prévoyante initiative des gouvernements. « A eux seuls incombe le devoir de veiller à la conservation et au développement de cette source d'alimentation, car le domaine des mers est une propriété sociale. »

L'administration de la marine française avait déjà compris la question en interdisant l'exploitation des bancs naturels pendant la saison du frai et en obligeant les pêcheurs à rejeter à la mer les huîtres n'ayant pas encore les dimensions réglementaires. Cette sage mesure avait déjà donné d'excellents résultats. Là, toutefois, ne devait pas se borner l'intervention de l'administration. Dans la pensée de Coste, il fallait encore que les ingénieurs hydrographes de l'État dressassent une carte topographique des fonds à l'abri des envasements, et que des bâtiments de la marine de l'État, chargés du précieux mollusque comestible, allassent le semer sur ces fonds appropriés. De la sorte, les huîtres de l'Océan pourraient être transportées à peu de frais dans la Méditerranée, et de la Méditerranée dans les étangs salés qui bordent les rivages de cette mer.

Ces représentations de Coste inaugurèrent en France ce grand mouvement qui promet aujourd'hui d'ouvrir au pays une nouvelle source de richesse, et qui ne saurait manquer d'être imité ailleurs.

A l'époque où l'attention des naturalistes français fut appelée tout d'abord sur la culture artificielle des huîtres, une des premières questions qu'ils se posèrent fût celle de savoir si l'on pouvait appliquer à l'huître les procédés de propagation artificielle si heureusement

appliqués aux poissons par les pisciculteurs en titre,
devancés, ne l'oublions pas, par l'humble paysan des
Vosges, Joseph Remy. M. de Quatrefages se prononça
pour l'affirmative dans un mémoire à l'Académie des
sciences (*Comptes rendus*, février 1849), que rappelle
Coste dans son *Voyage d'exploration sur le littoral
de la France et de l'Italie*. Une chose à noter d'abord
dans ce mémoire, c'est que l'auteur y combat l'idée,
généralement admise chez les naturalistes, que les
huîtres sont hermaphrodites.

« On admet généralement, dit M. de Quatrefages,
que les deux sexes sont réunis chez les huîtres. Des
observations que j'ai faites, il y a quelques années,
m'ont porté à embrasser une opinion contraire. Des
recherches plus récentes, dues à M. Blanchard, ont
confirmé ces premiers résultats, et je crois qu'on devra
regarder ces mollusques comme ayant les sexes séparés. L'expérience m'a appris que, chez les mollusques qui présentent cette condition, les fécondations artificielles réussissaient très-aisément. Dès
lors on pourrait appliquer ce procédé à l'élève des
huîtres aussi bien qu'à celui des poissons. Dans le cas
même où les sexes seraient réunis, je crois que le
procédé, pour être un peu moins facile, serait également applicable, et je suis convaincu que l'industrie
trouverait ici, dans cette application de la physiologie, une nouvelle source de profits [1].

1. Moquin-Tandon penche à croire que les huîtres possèdent

« Plusieurs des bancs d'huîtres dont l'exploitation
est le gagne-pain des populations pêcheuses de la
Manche sont tellement appauvris, qu'on a dû les
abandonner. Livrés à eux-mêmes, la repopulation en
est toujours très-lente, parfois même un banc trop
complètement épuisé disparaît pour toujours. Or, du
moment que l'on connaît les localités favorables au
développement des huîtres, il serait facile, en employ-
ant les fécondations artificielles, d'obtenir une repopulation prompte.

« Pour semer les huîtres sur un banc épuisé, il
faudrait porter les œufs fécondés jusque sur le fonds
même, afin d'éviter les pertes que causeraient inévi-
tablement les courants et les vagues. Dans ce but, je
crois qu'on devrait opérer la fécondation dans des
vases renfermant une assez grande quantité d'eau ;
puis, à l'aide de pompes dont les tuyaux seraient enfoncés à une profondeur suffisante, on répandrait les
œufs sur tous les points que l'on saurait avoir été
autrefois les plus riches... Indépendamment de ces
bancs naturels qu'on pourrait ainsi entretenir et cul-
tiver, je crois que l'élève des huîtres dans des étangs
et dans des réservoirs artificiels deviendrait facile,
par l'emploi des fécondations artificielles. Toutefois,

les deux sexes et remplissent à la fois les deux rôles paternel
et maternel. Il ajoute : « Les organes de la fécondité n'appa-
raissent, chez nos mollusques, comme les fleurs chez les végétaux, qu'à l'époque déterminée où leur fonction doit s'accomplir. »

13.

des essais, des études même, sont ici nécessaires
pour indiquer les meilleurs procédés à suivre ; je rap-
pellerai seulement ici et à titre de 'document, que
l'huître ne paraît pas redouter la présence d'une certaine quantité d'eau douce. Ainsi on trouve ces mollusques en assez grande quantité dans la France, par
exemple, à une hauteur telle que, lors des plus basses
eaux, ils doivent se trouver baignés par de l'eau douce
presque pure. »

Telles étaient, en 1848, les opinions de M. de Quatrefages. Mais depuis lors des recherches plus minu-
tieuses, entreprises sur la génération des huîtres, ont
prouvé qu'incontestablement les huîtres sont hermaphrodites. La fécondation s'opère dans le sein même
de l'animal, c'est-à-dire soit dans l'ovaire (ce qui est
le plus probable), soit dans les canaux qui, de cet
ovaire où ils prennent naissance, conduisent les œufs
dans les plis du manteau où ils doivent éclore. Cette
fécondation ovarienne antérieure à la chute des œufs
qu'elle vivifie n'a rien, en somme, qui doive surprendre ; les oiseaux en général, et les gallinacés en
particulier, en fournissent des exemples frappants.

Dans de pareilles conditions, la fécondation artificielle, telle qu'on la pratique chez les poissons, serait
impossible chez les huîtres, les procédés naturels sont
les seuls praticables et qu'on doive conseiller à l'industrie. Ce qu'il s'agit de faire, c'est de protéger la progéniture des huîtres là même où elle est née. Confor-
mément à ces vues, Coste soumit au gouvernement un

rapport sur l'état des huîtrières du littoral de la France et sur la nécessité de leur repeuplement.

Ce travail, daté du 5 février 1858, peut être regardé comme le point de départ du mouvement actuel en faveur de l'ostréiculture en France. L'auteur, en déplorant l'état de décadence de l'industrie huîtrière, signalait ce fait, qu'à la Rochelle, à Marennes, à Rochefort, aux îles de Ré et d'Oléron, sur vingt-trois bancs formant précédemment l'une des richesses du pays, dix-huit étaient complètement ruinés, tandis que ceux qui fournissaient encore un certain produit étaient gravement compromis par l'invasion croissante des moules. Il en résultait que les éleveurs, ne pouvant plus y trouver une récolte suffisante pour garnir leurs *parcs* et leurs *claires*, étaient contraints d'aller chercher le coquillage à grands frais sur les côtes de Bretagne, sans suffire pour cela aux besoins de la consommation.

La baie de Saint-Brieuc, qui possédait autrefois sur son excellent fonds quinze bancs en pleine activité, n'en avait plus que trois à cette date de 1858. De deux cents, le nombre de ses bateaux de pêche était tombé à vingt, et le nombre de ses pêcheurs, de quatorze cents qu'il était, se trouvait réduit à cent quarante. Ce déclin, presque aussi sensible dans la rade de Brest, se faisait également remarquer à Cancale et à Granville.

« A ce déplorable état de choses il y a un remède, disait Coste, un remède d'une application facile, d'un

succès certain, qui fournira à l'alimentation publique
d'incalculables richesses. » Ce remède, selon lui, c'é-
tait d'entreprendre, aux frais de l'État, par les
soins de l'administration de la marine et à l'aide de
ses vaisseaux, l'ensemencement du littoral de la France
de manière à repeupler les bancs ruinés, à raviver
ceux qui prospéraient, à en créer de nouveaux partout
où la nature des fonds permettrait d'en établir. La baie
de Saint-Brieuc était éminemment propre à une expé-
rimentation de ce genre ; la dépense était relativement
insignifiante, et, avec toutes les précautions voulues,
le succès était assuré.

Parmi ces précautions, Coste plaçait en première
ligne celle de ne laisser séjourner hors de l'eau le
coquillage reproducteur que juste le temps indispen-
sable pour son transport au lieu de pêche ou de son
entrepôt provisoire à celui de sa destination. Une
autre condition importante, c'était celle de la surveillance et de la culture des champs sous-marins ferti-
lisés par la science, surveillance et culture auxquelles
il fallait affecter une chaloupe de huit ou dix tonneaux
montée par quatre ou cinq hommes, et pouvant servir
à la fois de gardienne et d'instrument d'exploitation.
Avec cet instrument d'investigation, l'exploration des
huîtrières serait facile. Si la vase s'accumulait sur les
fonds producteurs, ou si les moules ou les plantes les
envahissaient, la drague de l'équipage dégagerait les
huîtres ensevelies ou arracherait les parasites, « comme
la charrue les mauvaises herbes de la terre ». Ainsi

cultivée et surveillée, la baie de Saint-Brieuc deviendrait une espèce de pépinière d'huîtres capable de repeupler toutes les côtes de la France.

La récolte des embryons d'huîtres, ou *naissain*, qui, au temps du frai, sortent des valves de chaque mère, est un point très important exigeant tous les soins des agents de l'administration. Chaque huître produit un ou deux millions de petits. Dans l'état de choses ordinaire, c'est à peine si l'on peut espérer qu'il en reste une douzaine sur les coquilles de la mère. Le surplus se disperse entraîné par les flots, ou périt dans la vase, ou devient la proie d'autres animaux. Le problème était de trouver un artifice qui permît de recevoir cette inépuisable semence et d'en faire profiter les fonds à peupler.

Plusieurs méthodes ont été essayées. La première consiste à faire descendre sur les bancs des fascines retenues au fond par de grosses pierres ; on ne les enlève qu'au moment où les jeunes ont pris une suffisante dimension pour pouvoir être employées à peupler d'autres parages. « Les vaisseaux de l'État, dit Coste, porteront alors ces bâtis où l'on aura résolu d'organiser de nouveaux bancs. Quand ils y seront établis depuis un certain temps, le jeune coquillage s'en détachera naturellement et retombera sur les fonds préalablement nettoyés par la drague, comme le froment du semoir sur le sol préparé par la charrue. Ce transport devra être effectué en février ou en mars, parce qu'à cette époque de l'année le *naissain* déposé

sur le branchage, celui de septembre comme celui de
mai, est assez facile à reconnaître, le premier ayant
déjà le diamètre d'une pièce de vingt sous, le second
celui d'une pièce de deux francs. On peut donc juger
alors s'il est rare ou abondant, et dans quelle
mesure il contribuera à l'œuvre qu'on veut accomplir. »

En concluant ce rapport, Coste recommandait une
modification notable de la loi concernant la pêche des
huîtres. L'ouverture de la campagne en septembre a
son bon côté, sans doute ; jusqu'à cette époque, le
coquillage a déjà frayé en grande partie ; mais il porte
à sa surface une population nouvelle, qu'il serait important de ne pas détruire. Mieux vaudrait donc que le
draguage des bancs fût reporté à février ou mars. Alors
les jeunes huîtres de l'année auraient acquis les dimensions dites de *rejet*, et celles qui adhéreraient encore
aux valves de la mère en seraient facilement détachées, soit pour être portées au gisement reproducteur
soit pour être, comme à Cancale, conservées dans les
étalages. Quant à l'objection qu'on n'aurait que trois
mois pour exploiter les bancs, puisqu'en mai les
huîtres commencent à être *laiteuses*, et que la pêche
est interdite, elle est sans valeur, attendu que six
semaines d'un draguage quotidien suffiraient pour
épuiser tout le littoral de la France. Le coquillage
livré à la consommation pendant cette période n'est
pas celui qu'on retire de la mer, puisqu'il faut qu'a-
vant de figurer sur les marchés il ait séjourné plu-

sieurs mois dans des parcs, des claires, des viviers,
et qu'il ait été soumis à certains soins.

Le rapport dont l'analyse précède était le projet ;
celui qui suit (daté du 12 janvier 1859) est le compte
rendu des expériences, couronnées de succès, faites
dans les huîtrières artificielles créées, aux frais de
l'État, dans la baie de Saint-Brieuc. La rade choisie
présente un fonds solide, propre, composé de sable
coquillier ou madréporeux, légèrement recouvert de
marne ou de vase et ayant une superficie de
12,000 hectares. « Le flot qui, à chaque marée, y os-
cille du nord-ouest au sud-ouest et du sud-ouest au
nord-ouest, avec une vitesse d'une lieue à l'heure, y
apporte une eau sans cesse renouvelée, entraîne dans
son cours tous les dépôts malsains et contracte, en
se brisant sur les nombreux rochers de ces parages,
les propriétés vivifiantes qu'une incessante aération lui
communique. »

L'opération de l'immersion des huîtres reproductrices, commencée en mars, se termina vers la fin
d'avril. Pendant ce temps, 3 millions d'huîtres prises
les unes à la mer commune, les autres à Cancale,
d'autres à Tréguier, furent répandues sur dix gise-
ments divers longitudinaux, représentant ensemble
une surface de 1000 hectares, tracés d'avance sur une
carte marine, et balisés. Cet ensemencement fut exécuté par une flottille de barques chargées d'huîtres
et remorquées tantôt par l'*Antilope*, tantôt par l'aviso
à vapeur de l'État l'*Ariel*. Mais il ne suffisait pas d'a-

voir placé le coquillage dans les conditions les plus favorables à la multiplication, il fallait encore installer autour de lui et au-dessus de lui de prompts moyens d'en recueillir la progéniture et de la fixer sur les lieux mêmes. A cet effet, on pava d'écailles d'huîtres et d'autres coquillages les fonds des champs reproducteurs, de manière que tout embryon y tombant trouvât aussitôt un corps solide où se fixer. Les valves employées à cet usage furent ramassées sur la plage de Cancale. Ces débris, autrefois inutiles et qu'on était obligé d'enlever à grands frais chaque année, deviennent désormais de précieux instruments de récolte. L'autre moyen, destiné à recueillir la semence entraînée par les courants, fut l'emploi de fascines de 2 à 3 mètres, attachées au milieu de leur longueur par un filin [1] à un lest de pierre, qui les tient élevées à 30 ou 40 centimètres au-dessus des fonds producteurs. Ces fascines furent placées par des hommes revêtus d'appareils à plonger.

Telles furent les expériences inaugurées dans la baie de Saint-Brieuc au commencement de janvier 1859. Six mois plus tard, les promesses de la science se traduisaient en une « saisissante réalité », et les résultats dépassaient toutes les espérances. « Les huîtres mères, les écailles dont on a pavé les fonds, tout ce que la drague ramène enfin est chargé de naissain ; les grèves elles-mêmes en sont inondées. Jamais Can-

1. Coste conseilla plus tard des chaînes galvanisées.

cale et Granville, au temps de leur plus grande prospérité, n'ont offert le spectacle d'une pareille production. Les fascines portent dans leurs branchages et
sur leurs moindres brindilles des bouquets d'huîtres en
si grande profusion, qu'elles ressemblent à ces arbres
de nos vergers qui, au printemps, cachent leurs rameaux sous l'exubérance de leurs fleurs. On dirait de
véritables pétrifications. Pour croire à une telle merveille, il faut en avoir été témoin... Il y a jusqu'à
vingt mille huîtres sur une seule fascine, qui n'occupe
pas plus de place dans l'eau qu'une gerbe de blé dans
un champ. Or, vingt mille huîtres, quand elles sont
parvenues à l'état comestible, représentent une valeur de 400 francs, leur prix courant étant de
20 francs le mille, acheté sur place. Le rendement de
cette industrie sera donc inépuisable... Le golfe de
Saint-Brieuc deviendra un vrai grenier d'abondance [1]. »

Parallèlement à ses expériences de Saint-Brieuc,
Coste mentionne l'organisation, à Plévenon, d'un
parc d'acclimatation, et il termine son rapport en sol-
licitant le repeuplement immédiat du littoral français
tout entier, celui de la Méditerranée comme celui de
l'Océan, celui de l'Algérie comme celui du midi de la

[1]. D'après Payen, seize douzaines d'huîtres représentent les
trois cent quinze grammes de substance azotée sèche nécessaire à la nourriture d'un homme de moyenne taille. Par conséquent, pour alimenter cent personnes pendant un jour, uni-
quement avec ces mollusques, il en faudrait dix-neuf mille deux
cents ! (*Monde de la Mer.*)

France. « Les phénomènes imprévus, ajoute-t-il, auxquels il m'a été donné d'assister à Concarneau, dans
les étroits viviers du pilote Guillou, ne me laissent
aucun doute sur l'immense utilité d'une création qui
mettra aux mains de l'État des moyens d'action propor-
tionnés aux besoins d'une œuvre d'économie sociale. »

Après le succès démontré des expériences de Saint-
Brieuc, l'ostréiculture commença à être regardée
comme un fait accompli, et des études théoriques de
l'homme de science elle a passé dans le domaine de la
pratique. Mais il reste au premier beaucoup à faire
encore, la pratique ne faisant que rendre plus apparentes les imperfections de nos connaissances scientifiques. Le grand problème qui reste encore à ré-
soudre, c'est celui de la meilleure méthode à adopter
pour recueillir le naissain. Ce point découvert, il res-
terait peu à apprendre ; car les conditions les plus
propices pour mettre le mollusque en état d'être
livré à la consommation sont suffisamment connues ;
et ces deux opérations, la récolte du naissain et l'en-
graissement de l'huître, constituent l'ensemble de l'ostréiculture.

Les méthodes adoptées par les premiers ostréicul-
teurs se bornaient, nous l'avons vu, à l'arrangement
de piquets mobiles et à l'emploi de fascines. Ces procédés sont encore excellents dans des eaux enfer-
mées comme celles du lac Fusaro ; mais dans la mer,
où les courants et les herbes abondent, la surface
lisse d'un pieu n'offre pas de point d'attache assez so-

lide à l'embryon, et les fascines sont trop facilement
envahies par la végétation sous-marine. On a donc
cherché d'autres procédés. Dans l'opinion du pilote
Guillou, les meilleurs collecteurs sont encore les coquilles vides employées par Coste à Saint-Brieuc.

On sait aujourd'hui que les huîtres s'élèvent tout
aussi facilement sur les hauts fonds des côtes peu recouvertes d'eau que dans les sites plus creux, et l'on
conçoit que, dans le premier cas, la culture est infiniment plus facile. Un des plus tristes accidents qui
puissent arriver aux huîtres, c'est le dépôt d'une
grande quantité de vase. Mais en disposant au-dessus
du fonds et hors de portée de la vase certains objets
protecteurs, le naissain s'y fixe et évite ainsi d'être
étouffé. Ces appareils collecteurs sont de formes diverses ; nous allons en donner une courte description. Toutefois, il est bon de noter avant tout que,
quelle que soit la forme de l'appareil, il ne doit être
mis en place qu'une semaine ou deux avant la période de production, c'est-à-dire vers la troisième ou
quatrième semaine de juin. Il faut aussi adapter l'appareil aux localités. L'objet principal à atteindre est
de fournir à la semence le moyen de se fixer en
sûreté et de la préserver de ses ennemis naturels, les
courants, la vase, le sable, les herbes et les moules ;
de construire, en quelque sorte, des ruches où les
huîtres mères puissent abriter les essaims de jeunes.
Les formes d'appareils que recommandait Coste sont
les suivantes :

Le *plancher collecteur*, ou simple, ou à compartiments multiples, selon qu'on veut couvrir un espace
restreint ou de vastes surfaces. Il se compose de pieux
enfoncés en lignes parallèles et surmontés de tra-
verses, sur lesquelles on assujettit des planches. C'est,
si l'on veut, une espèce de pont primitif. La surface
des planches qui regarde le fonds est hérissée facti-
cement, à l'aide d'un ciseau, de minces copeaux adhé-
rents, qui multiplient les points d'attache pour les
jeunes huîtres qui s'y fixent. L'organisation du plancher collecteur est telle, qu'une seule personne suffit
à toutes les manœuvres. Aussitôt le naissain fixé,
toutes les pièces peuvent être désarticulées, enlevées
et transportées ailleurs. Dans les parcs, les viviers,
etc., établis sur un fonds dur que les pieux ne peuvent
traverser, ceux-ci sont remplacés par des cubes de
pierres, maçonnés à la base ou maintenus par des
crampons de fer.

Le *toit collecteur* peut remplacer avec avantage les
pierres dont on se sert sur certains points de nos
côtes pour arrêter la semence. Il se compose de che-
valets de bois, qui saillissent de 15 à 20 centimètres
au-dessus du sol, et sur lesquels on pose des tuiles spéciales ayant la forme de faîtières. Ces tuiles, rangées
suivant divers procédés, sont maintenues ou par de
simples pierres ou par des fils de fer galvanisés.

Le *rucher collecteur à châssis mobiles* offre au naissain, sous des dimensions restreintes, des points d'attache très-multipliés. Il se compose d'un coffre rec-

tangulaire de 2 mètres de long sur 1 mètre de large et 1 mètre de haut, dépourvu de fond et portant intérieurement une série de châssis superposés, garnis d'un treillage de laiton, sur lequel on place des coquilles vides, où vient s'attacher le naissain. Cinq ou six mois après la ponte, on démonte l'appareil et l'on dépose le contenu de chaque châssis sur le sol d'un parc, d'un étalage ou d'un vivier.

Les *pavés collecteurs* sont de simples blocs de pierre dont on pave en quelque sorte les parcs, comme cela se pratique aux environs de la Rochelle et à l'île de Ré. On les dresse obliquement les uns contre les autres; de manière à former une foule de cavernes et de voûtes. Ces pavés collecteurs peuvent servir à deux récoltes; il suffit pour cela de les retourner sur place. A côté d'avantages nombreux, ils ont l'inconvénient que les huîtres n'en peuvent être détachées sans de grandes pertes, et qu'elles y contractent, le plus souvent, des formes défectueuses.

Plusieurs espèces de tuiles ont été inventées pour les toits collecteurs. Le docteur Kemmerer, de l'île de Ré, en a fait de très-ingénieuses, garnies, à l'intérieur de la courbure, de petits fagots de sarment, maintenus par un fil métallique galvanisé, ou, mieux encore, de coquilles naturelles et de graviers fixés par une espèce de ciment particulier.

L'île de Ré est aujourd'hui l'un des champs les plus actifs de l'ostréiculture française. Située à quelques kilomètres de la Rochelle, elle compte environ

17,000 habitants répartis en huit communes, dont Saint-Martin est la principale. C'est une petite ville fortifiée qui a résisté aux Anglais sous le duc de Buckingham, en 1628. Avant le commencement de l'ostréiculture, l'île de Ré n'avait pas d'autre titre à la célébrité, si ce n'est qu'elle était entourée de bancs d'huîtres très-productifs, mais que l'abus d'une exploitation mal entendue avait singulièrement épuisés. En 1848, la pêche était complètement abandonnée.

Les temps depuis lors ont bien changé et rien n'est plus intéressant, même aujourd'hui, que de lire dans les rapports de Coste les détails relatifs aux opérations de cette île. Dans celui du 22 mars 1861, le savant professeur abordait la question de l'organisation des pêches marines au point de vue de l'accroissement de la force navale de la France.

« L'idée de la mise en culture de la mer, dit-il, n'est plus une contestable promesse de la science que le dénigrement, cet éternel parasite de la vérité en ce monde, puisse faire ranger au nombre des chimères, comme il l'a essayé tour à tour pour toutes les grandes découvertes qui sont aujourd'hui la gloire et le trésor de l'humanité ; car en pénétrant dans l'esprit de nos populations riveraines, cette idée transforme l'Océan en une véritable fabrique de substances alimentaires, où l'industrie attire et fixe à son gré la récolte dans les lieux qu'elle lui assigne. En sorte que, soumettant la nature organisée à son empire par une souveraine application des lois de la vie, elle fait de nos rivages un champ de production capable d'approvisionner tous les marchés de l'Europe. Il est vrai que ces entreprises n'ont encore sérieusement porté que sur la multiplication du coquillage ; mais dans cette voie elle a accompli en deux ans de tels prodiges, que, en certaines localités, les richesses déjà créées ont changé la condition sociale des populations maritimes.

« Dans l'île de Ré, par exemple, plus de trois mille hommes, prolétaires de la veille, sont descendus de l'intérieur des terres sur le rivage, pour y prendre possession des fonds émergents que l'administration leur a concédés par lots individuels, afin de donner à chacun son intérêt particulier dans l'œuvre commune. L'intrépide persévérance de cette armée de travailleurs n'a reculé ni devant la nécessité d'écouler l'immense vasière qui, sur un développement de plusieurs lieues, couvrait ce stérile domaine, ni devant la difficulté de se procurer les matériaux pour la construction des parcs destinés à le mettre en culture.

« Ils ont donc déchiré par la mine et par le fer les bancs de roc énormes dont le pourtour de leur île était bordé, et avec les fragments ils ont formé des enceintes sur toute l'étendue de la plage envasée dont ils voulaient purger le sol. Puis, dans l'intérieur de ces enceintes, ils ont planté des pierres verticales assez rapprochées les unes des autres pour qu'en se retirant, le flot, brisé contre ces obstacles, se divise en rapides courants et entraîne la boue délayée vers la partie déclive, où un égout collecteur le conduit au large.

« Chaque parc ainsi organisé devient par conséquent un appareil de curage que le jeu des eaux convertit en un champ de production. Il y en a déjà quinze cents en pleine activité, régulièrement alignés comme les maisons d'une ville, ayant leurs grandes voies pour le service des voitures et leurs petits sentiers pour les piétons ; occupant, de la pointe de Ridevaux à la pointe de Loix, sur une longueur de près de quatre lieues, une surface de 630,000 mètres carrés; travail gigantesque poursuivi, avec un entraînement sans exemple, dans le reste du pourtour de l'île, où deux mille établissements nouveaux sont en voie de création.

« A peine les terrains émergents, théâtre de cette merveilleuse conquête, avaient-ils subi la préparation qui les rend aptes à porter des fruits, que la semence, amenée du large par les courants, s'y répandait et y contractait adhérence avec une incroyable profusion. Les fragments de roche forment les murailles des parcs, ceux qu'on a accumulés dans les espaces que ces murailles circonscrivent disparaissent sous l'immense gisement d'huîtres bientôt marchandes, comme le sol de nos pâturages sous l'herbe mûre qui le couvre. C'est un fait que chacun peut vérifier, quand la mer abandonne ces enclos collecteurs, où l'on ramasse à pied sec le coquillage avec autant de facilité que s'il s'agissait d'un vignoble ou d'un potager. Les agents de l'autorité locale y ont compté en moyenne

600 huîtres par mètre carré, ce qui donne, pour l'ensemble des parcs en activité, un total de 378 millions de sujets, représentant une valeur de 7 à 8 millions de francs.

« La foi de ces modestes ouvriers, éclairée par un rayon de la science abstraite, a donc réussi à créer sur quelques kilomètres d'une plage improductive une plus abondante moisson que n'en fournit annuellement tout le littoral de la France.

« Que sera-ce quand le pourtour entier de l'île aura été mis en exploitation ! Mais ce qui me frappe davantage dans le succès de cette courageuse entreprise, c'est moins la grandeur du résultat matériel que le but moral auquel ce résultat a conduit. L'industrieuse colonie, en effet, n'a pas borné son action à l'effort isolé de chacun de ses membres ; elle a porté plus haut la dignité de son œuvre en l'élevant jusqu'à l'idée d'une association dans laquelle tous sont solidaires, en ce qui touche les intérêts généraux, sans que pour cela l'intégrité ou la valeur de la possession individuelle soit en rien affaiblie par l'institution collective. »

De la baie de Saint-Brieuc, l'ostréiculture s'est répandue sur un très-grand nombre de points du littoral français de la Manche et de l'Océan. Deux établissements modèles créés par l'État fonctionnent au bassin d'Arcachon, et depuis leur fondation un nombre considérable de concessionnaires, associés à des marins inscrits, se sont groupés autour de ces *fermes* et exercent la nouvelle industrie sur une étendue de

14

plusieurs centaines d'hectares de terrains émergents
que l'administration leur a livrés.

« A mesure que la culture de la côte s'étendra,
écrivait Coste il y a vingt ans, et que les moyens
employés pour l'élève et l'amélioration des huîtres
progresseront, les bancs naturels (seule ressource
précédemment pour l'approvisionnement de nos
marchés) ne seront plus que de simples succursales
à ces immenses manufactures de produits alimentaires. »

Les prédictions de l'éminent embryogéniste se sont
déjà réalisées sur plus d'un point.

Toutes les nations maritimes, inspirées par l'exemple
de la France, suivent aujourd'hui ou s'apprêtent à
suivre bientôt la voie qu'elle a ouverte. Des délégués
de l'Angleterre, de l'Autriche, de la Belgique, du Da-
nemark et d'autres pays sont venus à diverses reprises
visiter nos côtes et ont proclamé, dans leurs rapports
aux gouvernements et aux sociétés savantes qu'ils re-
présentaient, l'immense et décisif succès qu'ils ont été
à même de vérifier.

X

LES MOULES ET AUTRES MOLLUSQUES.

Une collection de coquillages offre un spectacle qui charme les yeux en même temps qu'il frappe l'imagination, d'abord parce qu'il est impossible de trouver ailleurs dans la nature organique et inorganique une variété plus exquise de formes élégantes et de couleurs chatoyantes, et ensuite parce qu'on ne peut s'empêcher de songer que tous ces objets charmants et durables sont l'œuvre d'animaux doux et frêles parmi les plus périssables des créatures vivantes.

Plus étonnant encore est un pareil assemblage quand on réfléchit à l'infinie variété de ses modèles. Car les conchyliologistes connaissent plus de cinquante mille espèces de coquillages parfaitement distincts dont chaque échantillon présente quelque particularité de contour et d'ornement. Et puis, tandis que des multitudes d'espèces offrent des traits constants et invariables, d'autres aussi nombreuses changent leur robe d'une façon si capricieuse qu'il est presque impossible de trouver deux individus exactement semblables. Il en est aussi qui, dans la fabrication de leurs spirales, obéissent aux règles géométriques les plus strictes, tandis que d'autres se tordent de mille manières fantastiques, sans règle ni symétrie.

Cependant chacune des cinquante et quelques mille espèces est soumise à une loi qui lui est propre et à laquelle chaque individu obéit implicitement et éternellement. Ainsi, quelques-unes jouissent d'une certaine liberté de variations, tandis que d'autres sont strictement astreintes à des règles immuables de la dernière simplicité ; mais à aucune, sauf les cas particuliers de monstruosités anormales, il n'est permis de s'écarter des lois de son organisation propre.

Les travaux du naturaliste l'ont amené non seulement à constater le fait de ces myriades de modifications de type dans les coquillages, mais encore à se rendre compte des lois auxquelles obéissent des groupes tout entiers d'êtres, et à se familiariser avec les principes qu'on peut tirer de l'étude minutieuse et approfondie des espèces et des genres. C'est ainsi qu'une science est née de la connaissance de détails conchyliologiques et qu'on est arrivé à la découverte de vérités importantes qui jettent un jour précieux sur les lois de l'existence dans toute la nature organisée.

La formation du coquillage lui-même est un exemple du procédé employé par la nature aussi bien dans le

règne animal que dans le règne végétal. Un coquillage, simple ou compliqué dans sa forme ou dans ses
nuances, est le résultat collectif des opérations naturelles d'un nombre infini de petites cellules membra-
neuses dont la plus grande n'a pas un deux-centième
de centimètre de diamètre, et qui, dans la plupart des
cas, a moins d'un quatre-millième de centimètre. Dans
la cavité de ces chambres microscopiques est déposé
le carbonate de chaux cristallin qui donne corps à la
magnifique habitation ou plutôt à la cuirasse qui protége le tendre mollusque.

Quelle étonnante chose que de penser que des
myriades d'organes, absolument semblables et d'une
infinie ténuité, peuvent combiner leur travail de telle
sorte que l'œuvre qui en résulte soit un édifice éga-
lant, surpassant même en complication, en ordre de
détails, en perfection de fini, les plus beaux palais
qu'ait jamais construits l'homme ! Dans toute la nature
on rencontre les mêmes résultats compliqués obtenus
par le même simple mécanisme. La fleur des champs,
le coquillage de la mer, l'oiseau de l'air, la bête des
forêts et l'homme lui-même sont autant de *cellules
constructrices*, détail du grand édifice animé dont les
instruments de la science humaine nous permettent
de découvrir les maçons, mais dont il ne nous est pas
donné de comprendre l'architecte.

Le mollusque, en bâtissant sa maison, ne travaille
pas toujours pour lui seul. Le brillant éclat, l'étince-
lante iridescence de sa coquille ne sont pas toujours

14.

destinés à rester ensevelis dans les profondeurs de l'Océan ou murés dans des montagnes de roc. Le sauvage apprécie le charme de la nacre et plonge sous la vague pour chercher les perles vivantes de ses colliers et de ses bracelets grossiers, ou pour fournir à ses frères civilisés les précieux matériaux d'ornements plus artistement travaillés. La mère-perle, ainsi qu'on l'appelle, est la partie nacrée des coquillages de certains mollusques appartenant à des catégories très-différentes. Sa nuance charmante n'est pas due à une coloration spéciale, elle est le résultat de la superposition des couches de la matière solide dont le coquillage est composé.

On recherche maintenant avec beaucoup d'ardeur partout où l'on peut se les procurer en assez grande quantité, les coquilles nacrées qui donnent la mère-perle, et ce produit forme un article d'importation considérable. Les îles de la Manche fournissent l'haliotis ou oreille de mer, qui s'emploie dans l'ornementation des petits meubles de fine marqueterie. D'autres coquillages plus grands, de la même curieuse espèce, se tirent, pour le même usage, des îles de l'Océan Pacifique. Ce sont eux qui donnent la magnifique nacre vert foncé et pourpre. Les espèces les plus limpides et les plus pâles viennent des écailles des huîtres à perle qui, presques toutes, habitent les régions tropicales. La nacre des perles elles-mêmes est composée de la même substance que le reste de la coquille. Ces joyaux d'origine animale, tant estimés

pour leur chaste beauté, ne sont qu'un composé des sé-
crétions surabondantes d'un mollusque, une série de
couches concentriques de matière animale et de carbonate de chaux.

Dans la plupart des cas, les perles ne sont que le
résultat des efforts de mollusques irrités et mal à l'aise
pour tirer le meilleur parti possible d'un mal inévi-
table ; car, troublés dans la paix de leur esprit et le
confortable de leur corps par l'intrusion de quelque
substance étrangère, un grain de sable peut-être ou
un atome de coquille détaché par hasard, les ingénieuses créatures enveloppent l'instrument de leur
torture et de leur ennui dans une sphère lisse et brillante [1]. Que cela nous serve de leçon, à nous autres
bipèdes, pour convertir nos secrets tourments en trésors lumineux dont chacun profite !

Il ne faut pas s'étonner que les naturalistes anciens
aient attribué la formation des perles à d'autres causes
qu'à la cause véritable, et qu'ils les aient prises pour
des gouttes de rosée ou de pluie pétrifiées tombées
du ciel dans les valves entr'ouvertes du mollusque.
Cette croyance a, du reste, inspiré plus d'un beau
vers ; mais si l'on voulait connaître l'origine de ces
fictions, qui maintenant n'ont plus cours qu'en poésie,
il ne faudrait pas la chercher ailleurs que dans les
rêves fantastiques de zoologistes peu scrupuleux, tou-

1. Voir dans notre livre *l'Ile de Ceylan et ses curiosités naturelles* le chapitre consacré aux perles. 1 vol. in-12. Paris,
1879, 7ᵉ édition.

jours prêts à accepter sans contrôle les récits de pêcheurs superstitieux ou les exagérations de voyageurs
enthousiastes. C'est ainsi qu'ont été inventés les fameux voyages de l'argonaute, flottant, toutes voiles
dehors et les rames au flanc, à la surface de mers
unies comme des lacs, et aussi les expéditions terrestres de la seiche et la théorie des perles faites de
gouttes de rosée. Toutes ces erreurs, qui depuis ont
été bannies des livres scientifiques, sont restées vivaces
dans les traités populaires et conservent leur place
accoutumée dans les compilations qu'on met entre
les mains des enfants. Il serait temps de purger tous
les livres de ces prétendus faits scientifiques sans
cesse reproduits.

Dans l'immense variété des mollusques, il est certaines espèces qui ne jouissent pas d'une excellente
réputation. Il se trouve parmi ces créatures des êtres
excessivement insalubres, qui ont le don fatal de dispenser la mort ou au moins la maladie. Les moules
surtout ont une fâcheuse renommée, et cependant on
en vend des quantités dans tous les ports de mer.
Les classes pauvres en font une consommation considérable, mais les riches ne s'en soucient guère, et
même, sur certains points des côtes de la Manche, on
abandonne la récolte des moules à cause de leur réputation d'insalubrité. D'ailleurs, les médecins entre-
tiennent cette terreur en enregistrant de temps en
temps dans leurs tristes annales des cas authentiques
d'empoisonnement par ces mollusques.

Toutefois, le nombre des victimes des moules est
fort restreint, presque nul même, eu égard à celui des
mangeurs de moules. Ce qui n'empêche qu'un homme
empoisonné ne fasse plus de bruit dans le monde
qu'un million de gens non atteints, — absolument
comme un seul accident de chemin de fer nous fait
oublier les myriades de voyageurs qui, chaque jour,
sillonnent sains et saufs toutes les lignes ferrées du
monde. En 1827, la ville de Leith fut mise en émoi à
propos de l'attitude hostile d'une armée de ces mollusques qui, après s'être décemment et *digestivement*
comportés pendant des années dans les estomacs de
leurs bourreaux, se révoltèrent soudain et furent
accusés d'avoir traîtreusement empoisonné des centaines de personnes. La vérité est que, comme dans
toutes les batailles, on avait méchamment exagéré le
nombre des tués et des blessés, qui se réduisit à quelques individus pour les premiers et à une quarantaine
pour les autres.

Les victimes de ces attaques sont prises de convulsions, et souvent de paralysies locales. La plupart du
temps, la peau se couvre d'urticaire. A quoi attribuer
ces symptômes? Il n'a point encore été donné de
règles fixes à cet égard, de sorte que l'homme qui se
risque à manger des moules doit s'en remettre à sa
bonne étoile (1). Il a, en sa faveur, un million de
chances contre une.

¹ MM. J. Mourson et T. Schlagdenhauffen ont étudié récemment, aux points de vue chimique et physiologique, certains

Il existe un mollusque bivalve appelé anomie, remarquable par un trou percé au bord de sa coquille
inférieure, par où passe un tampon de chair qui lui
sert à s'amarrer aux rochers. Ce mollusque ressemble
d'une manière frappante à une huître, et quand il est
de grande taille, on le vend et on le mange pour tel.
Sa saveur âcre pique le palais. Dès qu'on reconnaît la
méprise, il faut se hâter de le rejeter, car cette huître,
poivrée par la nature, produit des effets excessivement
dangereux.

L'anomie nous fournit l'exemple d'un mollusque ré-
puté innocent, en réalité très-venimeux. C'est cependant le contraire qui a lieu la plupart du temps, et les
mauvaises qualités imputées aux animaux le sont le.

liquides organiques, parmi lesquels l'eau renfermée dans l'intérieur des oursins, eau dont quelques habitants du midi font usage
à la dose d'un demi-verre par jour pour exciter les fonctions
digestives, et qui, à dose plus forte, produit des effets purgatifs.
Or cette eau n'est autre chose que de l'eau de mer modifiée par
des produits excrémentiels, dont quelques-uns n'ont pas été
définis, mais dont d'autres ont été parfaitement reconnus
l'urée et une ptomaïne, — ceux-ci d'autant plus abondants que
l'activité nutritive de l'animal est plus développée, c'est-à-dire:
à l'époque du frai. Aux yeux des expérimentateurs, cette ptomaïne (qui agit comme toxique sur une grenouille) pourrait
bien être la cause de certains accidents observés à cette époque
du frai, après l'ingestion, comme produits alimentaires, des
oursins et de certains mollusques, parmi lesquels les moules.
MM. Mourson et Schlagdenhauffen ont fait de leurs expériences l'objet d'une communication à l'Académie des Sciences
à la fin de l'année 1882.

(Voir *Comptes rendus de l'Acad. des Sc.*, octobre 1882.)

plus souvent à tort. Ainsi va le monde, le bon pâtit pour le méchant. Citons comme exemple de ceci le lièvre marin, ou aplysie, qui, dès les temps les plus reculés, a été considéré comme un animal très-malfaisant. Les anciens Romains professaient pour ce gastéropode une horreur invincible, et croyaient que son aspect seul était une cause de maladie, quelquefois même de mort. Les émanations de l'aplysie, disait-on, infectaient l'air à la ronde. L'imprudent qui se hasardait à en toucher une ne tardait pas à voir son corps enfler au point de courir le risque d'éclater ; dans tous les cas, son système pileux était gravement atteint, ses cheveux et sa barbe tombaient. On tirait du corps visqueux de l'aplysie des poisons subtils. Locuste s'en servait pour débarrasser Néron de ses ennemis. Ce poison inexorable suivait dans ses progrès une marche toute particulière. Il tuait lentement et à coup sûr ; mais, après l'intoxication, la vie mettait autant de jours à se retirer de la victime que le mollusque en avait vécu après sa capture. Son emploi, du reste, n'était pas sans danger pour le meurtrier, car il trahissait sa présence chez l'empoisonné par une foule de symptômes certains, entre autres par son odeur qui s'échappait par les pores du patient.

Eh bien ! même dans notre siècle de lumières, les pêcheurs de toutes les nations, Européens, Malais, Polynésiens, croient encore aux qualités malfaisantes du lièvre marin. Étrange chose qu'une superstition aussi généralement répandue et ne reposant sur aucun

fondement ! Tous les naturalistes modernes de quelque
réputation qui ont étudié l'aplysie s'accordent à ne lui
reconnaitre aucune espèce de venin et à la décharger
de tous les crimes qu'on lui a imputés. Cette bête noire
des pêcheurs, jolie petite créature douce et inoffen-
sive, rampe parmi les algues qui frangent la plupart
des récifs, immédiatement au-dessous du niveau de la
marée basse, et s'ébat avec les doris, les antiopes et
autres gracieuses nymphes des ondes, métamorpho-
sées dans nos temps prosaïques en simples mollusques
à la robe nacrée. L'aplysie serait encore un exemple
de mille autres erreurs vulgaires analogues.

Les fictions de cette espèce ont des racines éton-
nantes, elles demeurent vivaces en dépit des progrès
généraux de l'esprit humain. Il y a si peu de personnes
qui aient acquis, dans le cours de leur éducation,
même les rudiments les plus simples de l'histoire naturelle, qu'il est extrêmement difficile, pour ne pas
dire impossible, de combattre l'erreur avec succès.

Il existe cependant un mollusque qui a fait dix fois
plus de mal à l'humanité que le pauvre lièvre marin
n'a jamais été accusé d'en avoir fait, si persécuté
qu'ait été cet innocent animal. Nous voulons parler
du ver des navires ou taret. Le taret est un mollusque
bivalve qui, comme pour venger l'huître, sa proche
parente, de la guerre incessante que lui fait le genre
humain, semble avoir pris à tâche de causer la mort
du plus grand nombre d'hommes qu'il peut.

Cette puissance destructive, bien qu'exercée par un

insignifiant mollusque, n'en est pas moins prodigieuse; car depuis que les hommes se sont occupés de marine et ont construit des navires, le taret a travaillé sans relâche, et malheureusement avec trop de succès, à faire couler ces mêmes navires. Et ce n'est point seulement aux vaisseaux qu'il s'en est pris, plus d'une bonne et solide jetée a été par lui perforée comme un crible, sans parler d'entreprises plus audacieuses, telles que de submerger la Hollande en sapant les fondations de ses digues.

Le taret est le seul mollusque qui ait réussi à effrayer les hommes d'État, et plus d'une fois il les a jetés dans une perplexité réelle. Il y a cent et quelques années, toute l'Europe croyait que les Provinces-Unies étaient condamnées à disparaître de la surface de la terre, et que le taret était l'instrument que Dieu avait choisi pour abattre l'arrogance croissante des Hollandais. « *Quantum nobis injicere terrorem valuit* », écrivait Sellius, un grand politique qui devint tout à coup un grand zoologiste sous l'influence de l'alarme générale, « *quum primum nostros nefario ausu muros conscenderet exilis bestiola! Quanta fuit omnium, quamque universalis consternatio! Quantus pavor! Quem nec homo homini, qui sibi maxime alias ab invicem timent, incutere similem, nec armatissimi hostium imminentes exercitus excitare majorem quirent.* »

L'Angleterre et la France, sans courir comme leurs voisins, les Hollandais, le danger d'une submersion soudaine, ont eu beaucoup à souffrir dans leurs bas-

15

sins et dans leurs ports des entreprises du taret, auquel le chêne le plus dur ne sait pas résister. Pour se
défendre contre ce terrible animal, on a été forcé de
revêtir de clous à large tête les bois employés dans
les travaux sous-marins des bassins. Comme la plupart des mollusques, le taret, quoique rivé à sa
coquille quand il est adulte, est libre dans son *en-
fance*, et peut, par conséquent, se transporter et s'attacher partout où il trouve du mal à faire. C'est ainsi
qu'en mer il attaque les vaisseaux, et qu'on n'a pas
encore trouvé de bois capable d'arrêter ses efforts.

Avec un instinct remarquable, le taret creuse son
tunnel dans la direction du fil du bois, quelle que soit
sa position, et de la sorte il en vient à bout avec une
redoutable rapidité. Le tube à l'aide duquel il perfore
son trou a quelquefois soixante ou soixante-dix centimètres de long. Il n'est pas toujours droit, car si
l'animal rencontre un obstacle assez dur pour l'arrêter, il le contourne. Quand il est à l'œuvre, il n'em-
piète jamais sur les travaux de ses confrères les
autres tarets ; chacun creuse de son côté tant et si
bien, qu'à la fin une pièce de bois attaquée par un
certain nombre de ces vers se transforme en un fais-
ceau de tubes calcaires. Le tube n'est cependant pas
la véritable carapace, la coquille de ce terrible mollusque. Il faut aller chercher cette coquille à son extrémité la plus éloignée. Elle se compose de deux très
petites valves recourbées, unies à l'endroit de leur
bec et magnifiquement ciselées sur toute leur sur-

face. Le tube est un tuyau de matière calcaire, ayant pour but de conserver une communication constante entre l'animal et l'humide élément nécessaire à son existence, et servant d'enveloppe et de protection à son corps tendre et délicat et à ses longs siphons charnus.

Comment la cavité dans laquelle vit le mollusque se creuse-t-elle ? C'est un point que les naturalistes n'ont pas encore éclairci. Il y a beaucoup de mollusques doués de l'instinct de s'ensevelir dans le bois, dans l'argile ou même dans la pierre dure ; mais on ignore si de leur part ce résultat s'obtient par des moyens mécaniques, par des agents chimiques ou par l'action combinée d'une tarière et d'un dissolvant quelconque. Beaucoup de limaçons de mer, aussi bien que des bivalves, possèdent la propriété de perforer des corps solides, et quelques-unes de ces espèces exercent cette faculté aux dépens de leurs congénères, dont ils percent la dure enveloppe et dont ils sucent les sucs substantiels au moyen de leurs longues trompes extensibles.

On a des raisons pour croire que cette opération s'effectue à l'aide des dents siliceuses qui garnissent leur longue langue en ruban. Ces dents microscopiques sont un très bel appareil taillé constamment de la même façon, si constamment même, qu'à la seule inspection de la langue d'un limaçon terrestre ou marin, le naturaliste peut se prononcer sans hésiter sur la famille de l'animal auquel cet organe appartient. On peut même vérifier ainsi le genre qui lui est propre, et l'on finira probablement par pouvoir constater jusqu'à son espèce. Ces dents sont disposées sur la langue en rangées transversales. Un lépas commun de taille ordinaire est armé d'une langue d'environ cinq centimètres de long, qui n'a pas moins de cent cinquante rangées et plus de denticules, à raison de douze par rangée, ce qui peut lui faire un total d'à peu près deux mille dents. Le lépas se sert de ce merveilleux organe comme d'une râpe pour réduire en petites particules la substance des herbes dont il se nourrit. Sur nos limaces de jardin, on peut compter jusqu'à vingt mille dents. Étrange et merveilleuse, en vérité, est cette complication d'organismes microscopiques.

Dans toute la nature, les maux apparents sont compensés par des bienfaits qui passent inaperçus. Si destructif que soit le taret, nous ne pourrions guère nous dispenser de ses services. Il mine, il est vrai, les navires et les jetées; mais il protège à la fois les uns et les autres ; car si les débris de naufrages et les charpentes perdues demeuraient sous l'eau à l'état solide, l'entrée des ports en serait souvent encombrée, et les dangers et les dommages qui en résulteraient dépasseraient bientôt la somme de ceux dont le taret est la cause directe. Cet infatigable mollusque est un des agents de la police de Neptune, il nettoie et balaie la mer. Il s'attaque à toutes les masses d'épaves flottantes ou submergées et les réduit bientôt en poussière. Pour un vaisseau coulé par le taret, il y en a réellement cent de sauvés et, tout en déplorant le mal dont il est à son insu la cause, on est forcé de reconnaître que, sans lui, il y aurait bien plus de trésors enfouis dans les abîmes de la mer, bien plus de marins ensevelis dans l'humide linceul des vagues.

Les mollusques avaient autrefois la réputation d'être les plus tristes, les plus inertes, les plus stupides des créatures. « Les mollusques », écrivait encore de notre temps le naturaliste Virey, « sont les pauvres et les affligés parmi les êtres de la création ; ils semblent solliciter la pitié des autres animaux. » On croyait leurs sens incomplets, si même on leur accordait des sens. En même temps, on attribuait de merveilleuses manifestations d'intelligence et de sensibilité à certaines espèces favorites ou populaires, à propos d'actions dont il ne faut leur savoir aucun gré, et qui, en somme, ne sont que des impulsions purement instinctives ou même des contractions convulsives.

C'est en cela que les vieux auteurs surtout ont péché. Hector Boethius raconte des moules à perles qu'elles ont tellement conscience du trésor qu'elles contiennent, qu'elles referment soigneusement et hermétiquement leurs valves dès qu'elles entendent un pas sur la grève ou qu'elles aperçoivent (l'auteur ne dit pas comment) la silhouette d'un pêcheur sur la rive qui surplombe leur transparente demeure. Otho Fabricius, autorité beaucoup plus grave et l'un des meilleurs observateurs de son temps, affirme que la *mya byssifera*, bivalve indigène des mers du Groënland, s'amarre par un câble ou reste libre, selon les circonstances dans lesquelles elle se trouve, supposition qui, toutefois, est plus près de la vérité que l'ingénieuse fiction de Boethius.

Le fou du roi Léar disait à son royal maître que si le limaçon avait une maison, c'était « afin d'avoir où reposer sa tête et loger ses cornes, et non pour en faire don à ses filles». Cette explication, en forme d'apologue, valait bien toutes celles que renferment les indigestes volumes de Rondeletius et d'Aldrovandus. Toutefois, la plus haute appréciation qui ait été faite du limaçon, c'est celle de Lorenz Oken, ce philosophe naturaliste, brumeux et mystique entre tous, et cependant l'un des esprits les plus profonds et les plus inventifs. A ses yeux, le limaçon était la personnification de la prudence et de la prévoyance. Pour nous servir de ses propres expressions, il voyait dans ce petit animal la pythonisse assise sur son trépied. « Quelle majesté, s'écrie-t-il, dans la démarche d'un limaçon qui rampe! Que de réflexion, que de circonspection, que de timidité, et avec tout cela que de ferme confiance ! Oui, le limaçon est le plus sublime symbole d'un esprit profondément replié sur lui-même. »

En bonne conscience, cependant, pas n'est besoin de savoir gré aux mollusques de faits et gestes qui ne sont point dans leur intention. Ils sont doués naturellement d'assez de finesse et de sensibilité, et leur instinct est parfois surprenant. Toutes les collections et tous les musées possèdent le coquillage turbiné du mollusque appelé phorus ou toupie, qui, poussé par un instinct artistique, décore sa maison de fragments de cailloux aux couleurs brillantes, ou de coquillages d'autres mollusques, qu'il enchâsse et cimente sur ses spirales symétriquement et à intervalles réguliers. Bien plus, son amour de l'art l'emporte sur sa compassion, et il suspend sans remords aux créneaux de sa tour d'innocents limaçons de mer plus faibles que lui, qui, pour leur malheur, possèdent des couleurs et des ciselúres de son goût.

Observez un limaçon, aquatique ou terrestre, au moment où il se traîne sur le sol, voyez avec quelles précautions il tâtonne son chemin, comme, à l'aide de ses minces et élastiques tentacules, il étudie soigneusement chaque obstacle et comme il se rend compte instantanément de sa nature et de sa composition ! Ses actions dénotent toute la délicate perception, le jugement exquis de l'aveugle qui explore avec son bâton le terrain sur lequel il va passer. Mais le mollusque a sur l'homme cet avantage qu'il porte un œil au bout de ses bras. Cet œil, il est vrai, n'est pas l'organe compliqué qui donne la puissance de la vision chez les êtres plus haut placés dans l'échelle de la création ; c'est bien cependant un véritable œil, et si, comme c'est probable, il n'est pas destiné à discerner la forme exacte des objets, au moins suffit-il à constater l'absence ou la présence, et peut-être, dans certains cas,

la nature des corps qui lui sont opposés, et, à coup
sûr, à percevoir les différents degrés de lumières et de
ténèbres.

A mesure que s'élève l'ordre des mollusques, l'organe de la vision se complique de plus en plus. Les
mœurs des céphalopodes nous amènent à conclure
que ces étranges et rusées créatures distinguent les
objets tout aussi bien que les vertébrés de l'ordre
inférieur. D'un autre côté, chez les tribus du dernier
degré, l'organe est réduit à un point susceptible seulement de recevoir l'impression de la lumière. Chez
l'acallope commune et chez quelques autres bivalves
de la même famille, les yeux occupent une position
très-extraordinaire ; ils sont disposés en rangées brillantes tout le long du manteau de l'animal, et cons-
tellent le bord immédiatement interne de la coquille
en avant de ses tendres et filamenteuses branchies,
absolument comme un homme qui aurait une rangée
d'yeux au lieu de boutons sur son gilet et son habit,
place qui, du reste, ne serait pas si mal choisie, si,
comme les acallopes, l'homme était dépourvu de
tête.

Il est clairement démontré que les limaces et les
limaçons possèdent le sens de l'odorat ; car la pâture
fraîche les attire fort bien, ainsi que l'a observé
Swammerdam il y a longtemps. La question de savoir
où gisait l'organe correspondant à cette faculté a
donné cependant matière à discussion. Cuvier est allé
jusqu'à supposer que, dans ces animaux, toute la sur-

face de la peau était susceptible de percevoir les
odeurs, comme si les mollusques étaient autant de nez
animés et indépendants ; mais Owen a, plus tard,
montré que chez l'argonaute, au moins, il existe un
organe spécial et distinct pour l'odorat ; et d'autres
infatigables naturalistes ont trouvé chez les limaces
de mer, placées bien plus bas dans l'échelle des mollusques, des organes olfactifs très-laborieusement
combinés, dont le véritable but n'avait pas encore été
découvert jusqu'ici.

Quelque étrange que ce fait puisse paraître, le sens
qu'après celui du toucher possèdent le plus généralement les mollusques est celui de l'ouïe. L'oreille ou
appareil auditif est d'une structure excessivement
curieuse. Cet organe est composé d'une ou plusieurs
capsules hyalines pourvues chacune de son nerf auditif spécial. Dans cette petite cavité sont contenus des
corpuscules spathiques transparents, composés de carbonate de chaux et variant quant au nombre dans les
différentes espèces de mollusques. Ces petits corps
sont continuellement en mouvement, vibrant en
avant et en arrière, tournant sur leur axe ou se préci-
pitant violemment vers le centre de leur prison, d'où
ils sont repoussés avec une violence égale. En suivant
avec attention les relations de ce curieux mécanisme
avec les organes parfaitement développés et incontes-
tables de l'ouïe chez les animaux d'ordre plus élevé,
il ne reste aucun doute sur leur fonction. Il semblerait
même que, dans les types beaucoup plus inférieurs

15.

encore de l'échelle animale que ne le sont les mollusques, le sens de l'ouïe se manifeste au moyen d'organes rudimentaires semblables.

Ce que nous savons de l'extension des sens chez les mollusques est de date très-récente : cependant les recherches sur cette matière ne sont pas nouvelles. Ces animaux ont été l'objet favori des études des anatomistes depuis deux siècles ; mais la nature ne semble livrer ses secrets que graduellement et par fragments, afin que nous ayons tout le temps de méditer sur la signification de chaque fait et que nous puissions nous convaincre de plus en plus de l'imperfection de la science humaine et de la nécessité de poursuivre nos recherches avec persévérance. « Ces découvertes, écrit le Dr G. Johnston [1], sont un exemple frappant de l'exactitude des travaux anatomiques de notre époque. Dans mes jeunes années d'études, on se demandait si les mollusques, à part les seiches, avaient des yeux ; et, d'un commun accord, tout le monde était d'avis qu'ils n'avaient pas d'oreilles et qu'ils étaient sourds. Voyez le changement qu'ont apporté quelques années dans la connaissance de cette branche de la physiologie ! »

---

[1] *An introduction to Conchology or elements of the natural history of molluscous animals,* travail dont sont extraites bon nombre des pages de ce chapitre sur les mollusques.

XI.

LES MYSTÈRES DE LA PLAGE.

Il n'est pas de lecteur familier avec le bord de la mer qui n'ait remarqué cent fois ces masses gélatineuses, orties de mer [1], comme on les appelle vulgairement, qu'on croirait si peu, à les voir se recroqueviller au soleil, avoir jamais servi d'habitacles à la vie. Dirait-on jamais que ces pelotes d'eau salée ont été quelque chose d'animé? que ce tissu tremblotant, plein de liquide, a eu autant de droit aux honneurs de la vitalité que l'énorme baleine ou le lourd éléphant? Cela est cependant.

Mais, pour voir les êtres avec tous leurs avantages, il faut les contempler dans leur élément propre : le cygne veut être admiré sur l'eau. Voici, par exemple, une large méduse, le *rhizostoma Cuvieri*, qu'on

---

[1] Ce nom leur vient de l'effet que leur contact produit sur la peau et qui a quelque analogie avec la piqûre de l'ortie.

trouve de temps en temps sur nos côtes. La vue d'une
de ces créatures, flottant dans toute la pompe de son
orgueil, donnera au lecteur une bien plus haute idée
de l'ortie de mer (nom vulgaire de la méduse) que
tout ce qu'auraient pu lui faire concevoir jamais les
divers spécimens qu'on rencontre d'ordinaire échoués
sur la plage. Le grand rhizostome vous représente un
parapluie ouvert ou un parachute fait en gelée solidi-
fiée et mesurant cinquante centimètres de diamètre,
ou bien encore la tête d'un champignon de cette dimension (ce qui serait un admirable volume pour ce délicieux comestible), mais composé d'une substance bleu
verdâtre, assez semblable à la peau d'une tête de veau
bouillie, refroidie, et pourvue en certains endroits
d'une transparence vitreuse.

Une bordure ou frange d'environ huit centimètres de
largeur pend autour de cette coupole vivante, et si l'on
veut y regarder de près, on verra que cette bordure se
contracte et se dilate alternativement avec beaucoup
de régularité. C'est par les secousses ou pulsations
ainsi produites, et qui chassent une certaine quantité
de l'eau contenue dans la cavité, que l'animal se fraye
sa route à travers les vagues. Un appareil appelé pédoncule pend de l'intérieur du dôme, occupant la place
de la tige de notre champignon imaginaire, ou du
manche du parapluie qui nous servait tout à l'heure
de comparaison. Chez le grand rhizostome, cette partie
de l'animal est très-large et son extrémité supérieure
est construite de manière à former une cavité d'une

certaine dimension, avec quatre couvertures distinctes ; mais, en bas, elle se divise en huit bras très-
curieux, disposés comme des têtes de choux-fleurs et
d'une couleur rouge pâle, comme la chair du saumon. Chacun de ces bras se termine par des organes
qui ressemblent singulièrement à des feuilles; ils sont
veinés de vaisseaux, mais ils se composent de la même
matière cartilagineuse que les portions supérieures de
l'animal. En fait d'yeux, cette espèce de méduse est
pourvue de petits globules rouges gélatineux, abrités
de chaque côté par de longs lobes pendants, comme
les œillères qu'on met aux chevaux. Quand on examine
avec soin les bras du pédoncule, on y découvre une
multitude de tentacules munies de ces « capsules à
fils » au moyen desquelles un grand nombre d'animaux
marins paralysent, dit-on, leur proie.

Des naturalistes ont avancé que le rhizostome se
nourrit en absorbant les aliments par certains pores,
situés, soit dans les feuilles pédonculaires, soit à l'extrémité des franges dentritiques. On suppose que les
particules de nourriture obtenues de cette façon sont
conduites par certains canaux spéciaux dans la cavité
où s'accomplit le travail de la digestion. En somme,
d'après ce système, l'animal se nourrirait comme les
végétaux, lesquels absorbent leur nourriture par les
racines. De là le nom de rhizostome[1] donné à cette
espèce. La question n'est pas résolue, mais il faut

---

[1] Ρίζα, racine, στόμα, bouche.

convenir qu'il n'y aurait guère de raison alors pour
que le rhizostome fût une batterie complète de *fils-pro-
jectiles*, si cet arsenal ne devait servir que contre des
créatures assez petites pour entrer d'elles-mêmes dans
les orifices qu'on présume tenir lieu de bouches.

La manière de se comporter de ces méduses monstres a encore soulevé une question intéressante. On a
souvent découvert des petits poissons, des merlans,
par exemple, dans les quatre ouvertures ou chambres
qui conduisent à l'estomac. Que vont faire là ces animaux ? Certaines gens sont d'avis que ces cavités leur
servent de lieu d'abri ou de retraite, et que le petit
poisson en danger s'y réfugie et se fait de la méduse
un asile flottant. M. Gosse [1], au contraire, incline à
croire que les poissons entrent là poussés par leur
seul instinct, ou qu'ils y sont attirés par les ruses du
mollusque, dans le seul but de fournir du grain au
moulin. La question est grave; tout le monde en conviendra; elle intéresse sérieusement l'honneur du grand
rhizostome. Cet animal est-il un modèle de générosité
qui offre sous son *aile tutélaire* une retraite aux pois-

[1] *Tenby*; *a Sea side holiday*, By P. H. Gosse.
Les divers travaux de M. Gosse ont donné aux habitants de
« l'onde amère » un intérêt qu'on ne leur soupçonnait pas.
L'auteur, dont nous avons eu plus d'une fois déjà à citer le
nom dans les pages de ce volume, est un naturaliste enthou-
siaste auquel on doit de savantes et nombreuses publications.
Son savoir en zoologie marine est proverbial ; avec ses *aquarium*
il a vulgarisé plus que personne en Angleterre cette branche
de la science, dont le goût, il faut bien l'avouer, ne s'est répandu chez nous que plus tard.

sons en péril, ou n'est-il qu'un rusé scélérat qui attire
chez lui d'innocentes victimes, tout en ne songeant
qu'à son estomac ? Entre ces deux théories il y a la
différence d'un monde. Nous voudrions, par conséquent, que ce point fût élucidé. M. Gosse appuie son
opinion sur ce fait que si l'on trouve souvent des
petits poissons vivants dans la méduse, on en trouve
d'autres aussi parfaitement morts. Et non-seulement
ces derniers ne sont plus que des cadavres, mais
chose horrible à dire, *ils ont tout l'air d'avoir été digérés partiellement.* Voilà qui semble hideux ; voilà
qui ne nous plaît pas du tout. Nous ne nous étonnons
pas que M. Gosse écrive cette monstruosité en ita-
liques.

Heureusement pour l'animal, que d'autres autorités
viennent déposer en sa faveur. M. Peach, autre naturaliste distingué, dont les travaux sont bien connus,
apporte de son côté un témoignage qui a bien aussi sa
valeur. Suivant lui, il paraîtrait que le rhizostome est
non-seulement innocent des crimes qu'on lui impute,
mais encore que sa conduite est tout à fait magnanime.
Ainsi, à une époque où certaines espèces de méduses
(non pas cependant le grand rhizostome) étaient
fort abondantes à Peterhead, M. Peach a remarqué
plusieurs fois que des petits poissons qui folâtraient
autour de ces prétendus monstres d'iniquités couraient
à la moindre alarme se réfugier sous leurs dômes
protecteurs et au milieu de leurs tentacules. Le danger passé, la bande quittait la citadelle et recom-

mençait ses gambades. Il n'a jamais vu qu'aucun des
petits imprudents fût retenu prisonnier dans l'estomac d'une méduse ; tous paraissaient aller et venir
librement et au gré de leurs caprices. M. Peach cite
même un exemple très-édifiant à l'appui de ce qui
précède. Un petit merlan qui accompagnait une *cyanea
aurita* fut attaqué en route par un jeune *pollack* de
mauvaise mine, qu'il parvint cependant à éviter en
mettant une méduse entre eux deux. Malheureusement
un autre pollack vint en aide au premier, et les deux
alliés firent tant qu'ils coupèrent la retraite au pauvre
fugitif et l'entraînèrent hors de portée des ouvrages
défensifs de son gélatineux ami. Le petit poisson prit
la chasse, et il en résulta une poursuite à outrance de
la part des deux vauriens, auxquels d'autres pollacks
étaient venus se joindre. Le pauvre merlan fut bientôt
atteint ; mais comme ses ennemis ne pouvaient pas
l'avaler, ils le laissèrent pour mort. Le blessé cependant
reprit ses sens, et clopin-clopant il se mit à nager de
son mieux vers la méduse pour s'y retrancher. Mais la
bande des pollacks l'ayant aperçu vint l'assaillir de
nouveau, et la malheureuse victime, accablée par le
nombre, fut délogée de sa position et finit par périr sous
les coups de ses agresseurs.

Maintenant nous en appelons à nos lecteurs : si telles
sont, en effet, les mœurs de la méduse, ce mollusque
n'est-il pas la plus humaine des créatures vivantes ?
Citez-nous en une autre qui tienne maison ouverte
pour les animaux en détresse et qui étende son hospi-

talité à des êtres qui lui ressemblent si peu sous le
rapport du caractère et de la position. Nous avons la
confiance que le témoignage de M. Peach se corro-
borera de nouvelles observations. Pour notre part,
nous nous permettons de penser que le fait malen-
contreux de demi-digestion, dont les adversaires de la
méduse se font une arme, est au moins sujet à interprétation pour le présent, si même provisoirement on
ne peut lui trouver une explication suffisante. Ainsi,
ne se peut-il pas qu'un petit poisson se cherche un
refuge alors qu'il est blessé ou qu'il se sent près de sa
fin ? et le caractère de la méduse en serait-il entaché
si celle-ci lui disait en ce cas : « Mon ami, tu peux
entrer chez moi quand tu voudras et t'en aller à ton
bon plaisir. Je suis toujours ouverte ; mes cavités sont
tout à ton service. Seulement, si par hasard tu mourais
dans l'appartement que je t'offre, j'emploierais ton
corps pour les besoins de ma table : mais, une fois
mort, qu'est-ce que cela te ferait ? Il doit, au contraire,
t'être agréable de penser que tu peux reconnaître de
cette façon peu coûteuse la protection que j'accorde
à tous ceux de ta tribu. » Assurément, si l'on considère le mauvais renom des habitants de la mer, — car
ils n'existent que par une mutuelle destruction, et
l'Océan est chaque jour le théâtre d'innombrables
meurtres, — il est consolant d'avoir à citer la conduite de la méduse pour prouver que la vertu n'est pas
entièrement bannie du monde des eaux.

Il n'est pas de baigneur en promenade sur la plage

dont l'attention n'ait été attirée par un objet composé
d'un petit disque aplati, d'où partent cinq branches
disposées comme des rayons autour de la masse centrale. Cet objet est ou était naguère un être animé.
L'orifice, situé sur l'un des côtés du disque, est la
bouche, l'estomac occupe tout l'intérieur ; il s'enfonce
dans chaque rayon, comme si le travail de la digestion exigeait le plus de place possible. A sa frappante
ressemblance avec une étoile, on reconnaît tout d'a-
bord l'étoile de mer, l'*asteria rubens* des savants. Il
appartient à la classe de crustacés que les naturalistes
désignent sous le nom d'échinodernes du grec ἐχῖνος,
hérisson et δέρμα, peau ; mais que les gens peu familiers avec le grec appellent tout simplement animaux à
peau de hérisson.

Le tégument qui enveloppe l'astérie est hérissé
d'épines ou pointes acérées, dont elle se sert comme
de béquilles lorsqu'elle voyage. Mais elle est pourvue
d'un appareil bien plus extraordinaire, appareil si beau,
si compliqué, qu'on s'étonne de le voir l'apanage
d'êtres d'une classe aussi plébéienne. La surface intérieure de chaque rayon porte, dans le sens de sa longueur, un petit sillon perforé d'une multitude de trous
régulièrement disposés. De chacun de ces orifices peut
sortir à volonté un petit tube membraneux, qui se
renfle à son extrémité en une sorte de petite boule ou
disque. Quand ces boules sont pressées contre un
objet et aplaties, chacune d'elles agit comme une ven-
touse ou comme les rondelles de cuir mouillé avec

lesquelles jouent les enfants, et elle produit un vide
qui permet à l'animal de se transporter d'un lieu à
l'autre, comme on croit que fait la mouche pour
monter le long d'un mur perpendiculaire ou pour se
promener au plafond en dépit des lois de la pesanteur.
Ces tubes ou pieds sont mus par une espèce de machine
hydraulique; chacun d'eux communique à un petit
bulbe, placé dans la substance du rayon et rempli d'eau.
Quand ce globule se contracte, comme cela peut résulter
d'un effort musculaire, le fluide qu'il contient est naturellement chassé dans le tube; ce dernier s'allonge
et presse contre l'objet extérieur. Mais quand la force
comprimante cesse, le liquide retourne au bulbe et
l'élasticité du tube tend à ramener en arrière l'extrémité qui fait la succion, et par conséquent à faire
mouvoir ou l'objet avec lequel elle est en contact, ou
le corps lui-même de l'astérie.

Chaque rayon possède plus de trois cents de ces
remarquables organes, et l'on a calculé que, dans un
oursin (autre membre de la famille des échinodermes)
de taille moyenne, il n'y avait pas moins de dix-huit
cent soixante ventouses ou suçoirs. Cependant cette
armée de tubes obéit complétement à la volonté de
l'animal : il peut les employer séparément ou tous
ensemble à son gré, et diriger sa course *millipède* avec
tout autant de sûreté et d'adresse que la brute qui
n'a que deux paires de jambes à faire manœuvrer.

La question de savoir si Argus pouvait faire agir
isolément chacun de ses cent yeux, ou si Briarée pou-

vait employer ses cent bras à administrer des coups séparés, cette question, disons-nous, a son intérêt même au point de vue pur et simple de la mythologie ; mais que penserait-on d'une personne qui, pourvue d'un millier de membres, pourrait en diriger toutes les opérations sans hésiter et les faire agir en harmonie parfaite avec tout but proposé ?

Plus extraordinaire encore est le don que possèdent certaines espèces d'astéries de disloquer leur propre structure. Certes, on ne se serait jamais attendu à trouver une pareille faculté logée dans des êtres d'un ordre si inférieur. Les *étoiles cassantes* sont, comme l'implique leur dénomination vulgaire, particulièrement habiles à ce genre d'exercice. Elles peuvent non-seulement détacher leurs rayons à leur gré, mais encore les briser en nombreux fragments par un simple acte de volonté. Que dirait-on d'un homme qui, par le seul effort de son cerveau, pourrait séparer violemment ses doigts de ses mains ou de ses pieds, ou, sur l'impulsion du moment, s'arracher les membres par fragments distincts, de manière que de tout son corps il ne restât plus que le tronc ? Quelque singulier que cela semble cependant, il y a des échinodermes qui commettent cette espèce de suicide à la moindre provocation, et souvent même sans le plus petit motif appréciable.

La première fois que le professeur Forbes prit une *luidia fragilissima*, il ne l'eût pas plus tôt placée sur le banc de son canot pour l'examiner plus à son aise

que l'impatient animal, portant sur lui-même des mains
astéricides, se brisa en éclats, ne laissant au savant
qu'un monceau de membres épars. M. Forbes, ayant
capturé un second spécimen de la même espèce,
résolut de traiter l'irritable bête avec tous les ména-
gements possibles, dans l'espoir d'éviter une catas-
trophe aussi déplorable. Mais quand la captive reconnut avec ses petits yeux microscopiques (s'il est
permis de donner le nom d'œil à l'imperceptible point
qui se montre à l'extrémité de chaque rayon) qu'elle
était au pouvoir du naturaliste, dame *luida* prit incon-
tinent son parti de mourir, et sans plus hésiter, elle en
finit avec la vie par une immédiate désintégration de
toute sa charpente.

Laissant ces créatures à leur coupable penchant,
nous allons supposer que notre promeneur vient de
remarquer sortant de petits trous du roc un certain
nombre de petites tiges roides, teintées de rouge à
leur extrémité. Qu'on ne s'y trompe pas, ce sont là des
êtres vivants. Dans leur nomenclature bizarre, mais
pittoresque, les pêcheurs les désignent sous le nom
de *nez-rouge.* Les naturalistes, il est vrai, se servent
à leur endroit d'un terme plus classique, non pas cependant qu'en cette occurrence ces messieurs soient
beaucoup plus sages, car ils ne doivent guère s'attendre à ce que l'animal réponde jamais au nom sonore
de *saxicava rugosa* dont ils l'ont gratifié. Naturellement le promeneur veut savoir quelque chose de la
créature en question, et voilà qu'il essaye de la tou-

cher. Le nez-rouge s'y oppose et il exprime son indi-
gnation par un jet d'eau, qu'il envoie à l'intrus, comme
si toute sa petite personne n'était autre chose qu'une
seringue en pleine activité. Cela fait, il plonge dans
son trou et s'y confine à l'abri de toute indiscrétion.
L'amateur ne se tient pas pour battu : il essaye d'un
autre, qui justement tend son museau comme pour
engager à le prendre. Il manœuvre habilement et se
jette sur ce nez, qui rappelle celui d'un ivrogne. Il le
tient, croit-il. Pas le moins du monde ! l'organe insulté
lui a glissé entre les doigts, et la petite créature s'est
blottie au fond de sa tanière. Comment donc faire ?
Miner la place et employer le ciseau et le marteau. La
tâche n'est pas facile, car la pierre est dure ; et quand
une fois le curieux tiendra le nez-rouge, il n'aura
rien de bien imposant sous les yeux. C'est un mollusque de la classe des conchylifères, un bivalve
pourvu de coquilles raboteuses d'un blanc sale, et
d'une trompe composée de deux tubes unis, remarquables par l'extrémité rouge d'où il tire son nom populaire.

Mais le nez-rouge est, dans son genre, un habile
ouvrier : examinez-le sur son terrain et dans sa spé-
cialité, — celle d'ingénieur des mines, — il est là positivement superbe. Il enfonce dans le roc vif des
sondes molles et lisses, et il est difficile de dire comment il en vient à bout. Il ne semble pas avoir d'outils
en rapport avec la tâche : sa coquille est cassante et
délicate ; son corps est mou et souple ; il n'a sur sa

personne aucune fiole d'acide pour mordre la pierre ; le fameux vinaigre d'Annibal lui est inconnu. Tout facile que fût le terrain, Brunel aurait-il percé sa voie souterraine sous la Tamise, si lui et ses ouvriers n'avaient pas eu pour creuser leur tunnel d'outils plus forts que de simples coquilles ? Cependant le nez-rouge perce sa galerie dans le cœur de la roche avec autant de succès que s'il travaillait dans un fromage de Hollande. Que, pour cet effet, il se serve de sa coquille rugueuse, de ses pieds visqueux, de quelque sécrétion chimique ou de tout autre moyen, car on a tout supposé, il est certain qu'une colonie de nez-rouges est faite pour exciter l'étonnement.

Mais beaucoup d'autres conchylifères sont remarquables par leur propension à s'enterrer : nous en avons cité, au précédent chapitre, un exemple bien connu dans le ver des navires, le taret (*teredo*), qui s'est acquis une si triste célébrité par ses ravages dans les coques des vaisseaux, ainsi que dans les docks, les jetées et toutes les constructions de bois qui plongent nécessairement dans la mer.

Le sable de la plage laisse voir encore parmi ses jolis cailloux blancs et polis un curieux petit objet qui ne semble être d'abord qu'une feuille profondément dentelée, picotée en tous sens de petits trous à peine visibles à l'œil nu. Au microscope, on découvre que ces cavités sont de petites cellules ovales ou bassins rangés en séries régulières sur les surfaces de la feuille. A l'une des extrémités de chaque excavation, la muraille de circonvallation s'élève beaucoup plus haut qu'à l'autre, et sur cette partie quatre épines émoussées sont plantées obliquement, comme pour protéger les deux cellules voisines. A quoi servent ces curieuses petites cavités? Il vous faudrait voir cette feuille brune lorsqu'elle s'étale, pleine de vie, sur son sol natal, dans les profondeurs de l'Océan, et non pas quand elle est morte et desséchée, comme vous la voyez dans les paniers de plantes marines qu'on fabrique dans tous les endroits fréquentés des baigneurs. Alors vous découvririez que chaque cellule a été le berceau d'un animal vif et alerte, et que la plante elle-même n'est qu'une ville de polypes extrêmement peuplée. D'après les calculs de M. Gosse, sur les deux faces d'une seule feuille d'une modique superficie de sept à huit centimètres carrés, on peut compter plus de quarante mille individus!

« Si vous voulez bien vous figurer, dit l'aimable écrivain, une vingtaine de mille de berceaux rangés côte à côte sur une face, puis, dos contre dos, vingt mille autres sur la face opposée, vous aurez une idée de la construction de cette feuille. Et ne croyez pas le nombre exagéré, ce n'est là qu'une moyenne ordinaire. » Si l'on avait eu à construire un colossal dortoir d'enfants, avec quarante mille berceaux tous rangés par rues, on n'aurait jamais rien pu imaginer de mieux pour protéger les petites créatures que ce qui existe sur la feuille en question. Une membrane transparente servant de rideaux est étendue au-dessus de chaque berceau, mais il y a près de l'extrémité supérieure une fente semi-circulaire ménagée pour la sortie du jeune polype, lorsqu'il est assez fort pour faire ses débuts dans la vie active. Le voilà grand ! la membrane se soulève, le petit être se fraye un chemin par l'ouverture et se tient debout. De la partie supérieure de sa personne part un bouquet de longues tentacules. Ces organes sont pourvus de cils. Ce court duvet, d'une importance si considérable pour une foule d'animalcules aquatiques, lui sert à créer des courants et à attirer la nourriture à portée de sa bouche. Naturellement, la première affaire de la jeune créature est de chercher à manger, — car nous naissons tous affamés. En conséquence, l'animal commence avec ardeur son étrange, mais joyeuse carrière de digestion. Le zoophyte que nous venons de décrire est connu sous le nom d'algue cornue ou natte marine feuillue (*flustra foliacea*). Que devient le vieux proverbe: *Vilior algâ* ?

Dans sa pittoresque « Excursion sur le rivage de Tenby », dont nous venons de présenter ici quelques-uns des aquatiques citoyens, M. Gosse ne se borne pas exclusivement aux habitants de la mer et de la plage. Il va aussi pêcher des animalcules dans des marais d'eau douce. Le lecteur fera bien, s'il a un microscope, de suivre cet exemple. Il n'a pas besoin naturellement d'engins compliqués : une simple fiole, attachée à l'extrémité d'un bâton, lui permettra de capturer en un clin d'œil tout un monde de nains animés. Le premier étang venu, garni d'une raisonnable quantité de lenticules ou autres plantes aquatiques, lui fournira d'innombrables échantillons de rotifères ou porteroues qui, tout petits qu'ils sont (car les plus gros spécimens ne dépassent guère un centième de centimètre en diamètre), sont bien les plus bizarres des productions organisées.

Supposez qu'il vous arrive de prendre une philodine jaune (*philodina citrina*) : la créature en question peut, sous certains rapports, se comparer à une lorgnette de poche, car elle peut raccourcir à volonté la partie supérieure aussi bien que la partie inférieure de son corps, en les faisant glisser dans l'intérieur de sa cavité centrale. Le cou avec son épais anneau est surmonté de deux de ces remarquables roues auxquelles toute cette classe d'individus doit son nom, et qui ont l'air de prime abord de tourner avec une effrayante rapidité sur un axe invisible. Toutefois on sait parfaitement aujourd'hui que cette apparente rotation vient du soulèvement alternatif des cils ou poils qui bordent ces mêmes roues. Le but de ce mouvement est évidemment de déterminer un courant d'eau vers la bouche de l'animal, ou de créer une espèce de petit tourbillon dans le remous duquel la proie peut se trouver prise et entraînée dans le gouffre digestif placé au-dessous.

Les roues servent aussi de locomoteurs supplémentaires à l'animal. Elles jouent absolument le rôle des roues d'un bateau à vapeur; mais alors que les constructeurs de navires sont forcés de faire mouvoir les leurs tout d'une pièce, le rotifère peut gouverner séparément chaque cil à sa volonté, opérer avec quelques-uns seulement ou avec tous, comme il l'entend, « intercepter la vapeur », ou renverser les mouvements avec une facilité que l'homme, malgré toute son adresse, ne peut jamais espérer imiter.

Non moins prompt est le mécanisme au moyen duquel l'animal se replie sur lui-même lorsqu'il est dérangé ou insulté. Les rotifères sont d'un caractère très-susceptible ; la moindre offense suffit pour les faire se renfermer chez eux. En un clin d'œil, les roues et la partie supérieure de l'animal sont rentrées dans le tronc, comme si le cou et la tête de l'homme rentraient dans son corps chaque fois qu'il est attaqué. Puis, quand la cause de l'inquiétude est éloignée, la coulisse s'allonge avec précaution ; les roues sortent les dernières, ce qui prouve qu'elles ont été complétement entraînées en dedans comme un doigt de gant retourné. L'instant d'après, la petite créature se remet à jouer des cils comme auparavant ; mais s'il arrive que quelque infusoire malappris vienne la coudoyer de nouveau, roues, anneau et cou redisparaissent, et il ne vous reste sous les yeux qu'une petite boule ovoïde, qui ne laisse rien soupçonner du délicat et merveilleux mécanisme dont elle est douée.

La couleur de la philodine est un autre sujet d'admiration. « Lorsqu'on le regarde à la lumière transmise, le corps est d'un jaune transparent, avec les extrémités supérieure et inférieure incolores ; mais

lorsqu'on l'examine à la lumière réfléchie, il offre des
teintes magnifiques. La couleur citron, devenue nette
et brillante, est brusquement séparée par des portions translucides, et tout l'animal prend un aspect
étincelant extraordinaire. Il réfléchit des divers points
de sa surface des rayons de lumière éclatante, comme
si tout son corps était de pierres précieuses. » Deux
petits points rouge cramoisi, placés juste au-dessus de
la partie jaune du corps de la philodine, en rehaussent
encore la beauté. Ces points lui servent probablement
d'yeux, quoique leur pouvoir optique soit aussi inférieur aux organes visuels des animaux de l'ordre le
plus élevé que la simple lentille est inférieure aux
savantes combinaisons du microscope.

Le pouvoir de contraction mentionné plus haut se
retrouve dans certains infusoires marins à un degré
aussi élevé que chez les rotifères d'eau douce. M. Gosse
décrit une singulière petite créature du genre *zootham-
nium,* qu'il a trouvée attachée en qualité de parasite
au polype bois-de-cerf. Impossible de concevoir une
créature plus élégante. Imaginez un petit arbre de
cristal vivant, parfaitement incolore, lançant de sa
tige délicate une série de branches en spirale. De ces
branches sortent de nombreux petits cônes ou cloches
qu'on peut comparer à des verres en miniature ou à
des cornes à boire. Le bord de chaque cloche est
garni de cils rotatoires.

« Dans l'aisselle des branches, ou plutôt de quelques-unes d'entre elles, sont situées d'autres cloches

de la même structure essentielle, mais de galbe différent, modelées qu'elles sont en forme de cruches
arrondies, avec une petite embouchure circulaire
entourée d'un petit bord relevé. Ces dernières sont
beaucoup plus grosses que les autres. Avec un peu
d'effort d'imagination, on pourrait voir là un arbre
dont les feuilles seraient remplacées par des fleurs en
trompes et garni d'une récolte de fruits en forme de
poires. Outre le mouvement ciliaire des cloches,
l'arbre tout entier est doué d'une puissance motile
qu'il exerce avec vigueur. Au moment où on l'examine
avec toutes ses branches étendues, la course vaga-
bonde d'un animalcule qui passe, un faible coup sur la
table, une porte qui se ferme au bout de l'appartement,
fait contracter tout l'appareil du sommet à la base. Une
fois rassuré, il se relève petit à petit, reprend sa position première. Quand il se redresse ainsi après s'être
contracté, on voit très-distinctement que la tige elle-
même est ployée en spirale, ce qui est très-difficile de
constater quand elle a toute son extension. » (*Tenby*,
p. 77.) Quel chêne merveilleux ce serait que celui qui
se contracterait ainsi tout à coup, tronc, branches,
feuilles et glands, pour un pierrot qui, en passant, lui
aurait jeté un regard indiscret !

Mais que l'amateur examine autant de créatures
organisées qu'il lui plaira, il est une circonstance qui
échappera difficilement à son attention. Il remarquera
que le grand trait de leur constitution est... l'*estomac*.
A mesure qu'il descendra l'échelle des êtres, il trou—

16.

vera des créatures dont les sens de l'ordre le plus
noble semblent s'éclipser, s'effacer progressivement
pour finir par disparaître tout à fait ; mais lorsqu'il
sera arrivé aux plus humbles des zoophytes, il s'apercevra que même ces êtres rudimentaires possèdent un
sac digestif quelconque. Il y a plus, beaucoup d'entre
eux ne sont que de simples poches destinées à la ré-
ception de la nourriture avec un appareil de tentacules
pour se la procurer. Tout le reste de l'animal ne paraît
être attaché qu'accessoirement à cette cavité rapace.
Il semblerait donc que l'estomac est l'organe fonda-
mental de la nature animée.

Quand Adam passa en revue la création animale,
les altérations successives des races durent certes le
surprendre beaucoup, mais comme il dut s'émerveil-
ler en voyant que, quelle que fût la faculté ou le sens
omis, l'organe de l'estomac se retrouvait dans toutes
les séries ! Les mains peuvent se durcir en sabots, les
jambes être retranchées du tronc, le cerveau se
réduire à quelques ganglions, le cœur être exclu du
système, les yeux ne plus compter pour rien, mais
toujours l'estomac survit à toutes les altérations du
type, toujours il s'épanouit en dépit de toutes les sup-
pressions.

Voilà où nous en sommes ! et cet immortel appareil
est, après tout, le grand lien, le lien de parenté qui
relie entre eux les êtres de l'ordre le plus élevé de
l'échelle et ceux du degré le plus inférieur. Cela rappelle à l'homme orgueilleux qu'il n'est jusqu'à un cer-

tain point qu'un polype d'une nature plus complète et
plus noble, et qu'il tient à la création animale tout
entière, non par les sens, mais par le suc gastrique.
Pareille réflexion peut avoir son côté salutaire. Quand
le gourmand s'apercevra que chaque animal, jusqu'au
zoophyte, possède un estomac et que certains animaux ne sont à peu près que panse, il se demandera
peut-être s'il a raison de faire un dieu de l'organe qui
l'élève le moins au-dessus du niveau commun de la
création.

Quelqu'un a-t-il jamais pensé à personnifier l'estomac général sous les traits d'un ogre immense? Si
les organes distincts de toutes les créatures étaient
réunis en un vaste appareil digestif, nous voudrions
savoir quel monstre mythologique ou quel dragon
enfanté par la superstition du moyen âge pourrait soutenir la comparaison avec ce géant omnivore? Qui
pourrait mesurer les montagnes de nourriture que le
monstre consomme par jour ou évaluer la quantité de
liquide qui descend par le gosier commun de la création? Les bestiaux disparaissent de milliers de pâturages ; des provinces entières sont dépouillées de
leurs grains; les poissons sont arrachés aux ondes,
les oiseaux à l'air; et l'ogre vit, toujours mangeant et
toujours affamé, demandant continuellement et continuellement se rassasiant à une table qui ploie sous les
mets, depuis le gibier délicat jusqu'à la vermine re-
poussante. Cependant, malgré cette consommation
énorme, la balance se maintient toujours entre l'es-

tomac universel et les forces productrices de la nature. L'ogre n'engendre pas de famine, il n'anéantit
aucune race particulière. Il y a toujours des moutons
et des bœufs. Les mouches continuent à se jeter sans
défiance dans les toiles de l'araignée, et le lion trouve
toujours des buffles sur son chemin. L'économie politique de la nature est si parfaite qu'elle fournit au fur
et à mesure des besoins, et que le nombre des dé-
vorants est parfaitement adapté à celui des dévorés.
La partie mangeable de la création se reproduit perpétuellement, comme le sanglier Scrymner, dont la
chair était consommée chaque nuit par les héros du
Valhalla scandinave, mais dont le corps se retrouvait
le lendemain aussi gras, aussi dodu que jamais.

Parlons donc, avec tout le respect convenable, du
grand monstre de la digestion. Il est terrible dans sa
puissance; son incessante activité est effrayante. Com-
parez-le avec les autres organes de la vitalité, et sa
terrible universalité vous fera frissonner d'épouvante.
Réunissez tous les poumons de la création et combi-
nez-les en un colossal appareil respiratoire; prenez
tous les cœurs et faites-en un immense organe de cir-
culation; ramassez toutes les cervelles et pétrissez-les
en une masse cérébrale énorme: si puissants qu'ils
soient, ces organes cependant devront, comme les
autres, céder le pas à l'ogre perpétuellement éveillé qui
gouverne dans des régions où ils sont inconnus et
dont le caprice pourrait tarir les sources de leur énergie au moment où il jugerait convenable de le faire.

C'est dans les classes inférieures, par conséquent, là où les organes plus intelligents font défaut, que l'omnipotence de l'estomac se montre le mieux. Ce n'est pas d'elles qu'on peut dire « qu'elles ont autre chose à faire au monde que de manger. » Manger, pour elles, est la grande affaire et il faut voir comme elles accomplissent ce devoir agréable ! Leur vie ne se compose que de dîners et de soupers. L'histoire d'un zoophyte écrite par lui-même ne serait guère autre chose que l'histoire de ses repas. Il raconterait combien de temps il a attendu un de ses frères du même ordre ; comment il l'a attiré dans ses tentacules ; comment il est venu à bout de la victime et quel excellent goût il lui a trouvé ; ou comment, un jour, il a attrapé un polype indigeste qui lui a causé de la dyspepsie. Peut-être aussi de temps en temps expliquerait-il comment il a échappé à la dent d'un animal plus fort, qui croisait en quête de son repas. Mais chaque page du récit nous serait une preuve que l'estomac a été le point essentiel dans sa théorie de l'existence et qu'il regarde cet organe comme la plus merveilleuse « institution » qui ait jamais été inventée.

A défaut de pareilles autobiographies, il est fort récréant de lire les détails que les observateurs ont donnés sur la manière dont le polype se comporte à table. L'hydre (un habitant des marais d'eau douce) n'est guère qu'une cavité digestive à laquelle sont attachés plusieurs poils ou fils qui lui permettent de

saisir le ver où l'insecte aquatique dont elle fait choix
pour sa nourriture. Ces filaments ont six à douze millimètres en longueur, et l'animal, lorsqu'on le touche,
peut se replier sur lui-même en un petit globule à
peine aussi gros qu'une tête d'épingle. Eh bien! l'hydre
est un vrai glouton.

« Un polype, dit Trembley, peut venir à bout d'un
ver deux ou trois fois aussi long que lui. Il le saisit,
l'attire vers sa bouche et l'avale tout entier. Si le ver
vient à la bouche par une de ses extrémités, il l'avale
par cette extrémité ; sinon il le fait entrer en double
dans son estomac, — là peau du polype prête. Le tissu
de l'estomac est si élastique qu'il peut contenir un
volume d'aliments plus gros que le polype lui-même à
jeun. Le ver s'enroule plusieurs fois sur lui-même
dans le sac stomacal, mais il n'y reste pas longtemps
vivant : le polype le suce, et, après en avoir tiré les
sucs nutritifs, il rejette le reste par la bouche. »

Baker, le vieux micrographe, décrit d'une façon
ravissante l'adresse des hydres à s'emparer de leur
proie ; il raconte qu'il leur donnait des vers pour surprendre leurs opérations, il ne tarit pas sur « l'inexprimable plaisir » qu'il retirait de ce « délicieux passe-
temps. »

Le docteur Johnston, l'auteur de l'ouvrage sur les
Zoophytes britanniques, rapporte (comme avant lui
Goldsmith) qu'il arrive parfois que deux polypes, s'em-
parant du même ver, se mettent à l'avaler chacun par
un bout. Quand les bouches se rencontrent, une pause

s'ensuit. Si le ver ne se rompt pas, comment croyez-vous que la difficulté s'arrange ! Il ne saurait être question de battre en retraite, les deux antagonistes sont trop voraces pour y songer. Eh bien! les bouches commencent à se dilater, et le plus leste des [deux adversaires saisit l'autre par le museau et l'avale avec le reste du ver qu'il a dans le corps. Cependant comme il n'entre pas dans ses projets de retenir son sem-blable, il se contente d'en extraire le ver, objet du conteste, et le prisonnier est renvoyé par le chemin qu'il avait suivi pour entrer.

Le même auteur cite un autre exemple de voracité aussi monstrueuse dans une créature d'un ordre un peu plus élevé. On lui apporta un jour un spécimen d'*actinia gemmacea*, qui s'était arrangée de manière à engloutir une valve ou coquille de *pecten maximus* de la grandeur d'une soucoupe ordinaire, bien que l'ac-tinie elle-même n'eût pas naturellement plus de cinq centimètres de diamètre. La coquille divisait l'estomac en deux compartiments, la peau se trouvant tendue par-dessus comme une simple enveloppe. Mais, chose merveilleuse, dans cette occurrence une nouvelle bouche pourvue de deux rangées de tentacules s'était ouverte dans la partie inférieure de l'estomac, de sorte que l'animal avait adroitement tiré profit de l'énormité par lui commise et qu'il avait organisé deux établisse-ments d'absorption distincts, lesquels fonctionnaient sans doute simultanément depuis quelque temps quand le petit glouton fut pris.

Mais l'estomac, quelle que soit sa capacité, serait
généralement un organe oisif si son propriétaire n'é-
tait pourvu des moyens de capturer sa proie. Ce vis-
cère princier languirait dans une grandeur solitaire,
comme le *messer Gaster* de la fable quand ses auxi-
liaires se révoltent contre lui, n'était le corps de four-
rageurs dont il dispose. Nous avons vu comment les
fibres ciliaires contribuent à l'avitaillement des animaux par la production de courants dans lesquels
doivent être pêchées les particules nutritives. Mais les
engins de guerre, surtout quand il s'agit d'une créature adhérente, c'est-à-dire rivée aux objets, sont aussi
variés qu'admirablement ingénieux. Voyez un cirrhi-
pède en campagne. Les glands de mer communs (*ba-
lani*) ouvrent leurs valves et projettent un bel appareil de membres penniformes se courbant et s'étendant
comme des mains garnies de doigts nombreux feraient
pour ramasser la plus grande quantité possible d'or.
Si quelque infusoire errant ou quelque annélide vient
à se laisser prendre dans ce vivant filet, c'est fait
de lui, les poils qui se referment en s'entre-croisant
rendent toute fuite impraticable. En un clin d'œil l'appareil rentre dans l'intérieur du mollusque et le captif
est dévoré. Cet ingénieux mécanisme est des plus remarquables, car les fibres qui le composent doivent
être douées d'une exquise sensibilité pour dénoncer
au plus simple contact la présence de la proie.

Nous avons déjà parlé de l'armée de ventouses que
l'étoile de mer a sous ses ordres. Ces instruments

toutefois ne sont pas de purs agents de locomotion, ils jouent aussi le rôle de fournisseurs des vivres. Qu'une succulente crevette ou un jeune crabe bien tendre arrive à portée de notre astérie, son sort est bien vite décidé : les rayons de l'étoile se recourbent sur la pauvre bête ; la bouche s'ouvre pour recevoir ce mets vivant, des centaines de ventouses sortent de leurs trous pour aider à traîner la victime dans la béante caverne de mort, et, malgré ses efforts et sa résistance, le malheureux crustacé est bientôt englouti dans l'antre digestif de son ravisseur.

Quelque grand cependant que soit le nombre des ventouses chez l'astérie, il y a de petites créatures chez lesquelles il est infiniment plus grand encore. Le *clio borealis,* un tout petit ptéropode, a l'honneur de subvenir de sa personne aux besoins de la baleine en compagnie de certaines méduses que le monstre consomme par millions. Eh bien ! cette infime créature, toute petite qu'elle est, a sur chacune de ses six tentacules environ trois mille taches rouges, qui, au microscope, deviennent autant de tubes transparents. De chacun de ces tubes peuvent sortir une vingtaine de ventouses ou suçoirs. Si le lecteur veut se donner la peine de faire la multiplication il verra que le clio est pourvu de trois cent soixante mille engins pour la capture d'êtres encore plus petits que lui. On a dit avec justice que cet appareil de préhension n'a pas son égal dans la création. Et cependant la baleine avale d'une seule bouchée des bataillons innombrables

de ces animaux avec leurs myriades de suçoirs et le
merveilleux mécanisme qui les fait fonctionner.

La seiche est armée de huit ou dix longs bras effi-
lés, dont chacun porte une ou deux rangées de singuliers suçoirs. Ces suçoirs se composent de cupules
musculaires communiquant avec des cavités au moyen
d'ouvertures ménagées au centre. Chaque orifice est
pourvu d'un piston exactement adapté. Comme ces
terribles céphalopodes se nourrissent de poissons de
grande taille, il est nécessaire qu'ils puissent retenir
leur proie en dépit de la robe lisse et visqueuse de
celle-ci. C'est ce que les pistons leur permettent de
faire en produisant un vide dans chaque suçoir au
moment où il s'applique. Les longs bras flexibles s'en-
roulent autour de la victime avec une effrayante facilité. Le vide se fait dans les coupes avec un ensemble
et une netteté à peine croyables, et la pression de l'atmosphère rive alors aux filets de son meurtrier le
poisson, qui se débat en vain sans pouvoir se dégager
jamais. Chez une certaine espèce de seiche (l'onycho-
teuthis) ces ventouses sont armées de crochets aigus
fixés au centre ; de sorte que, quand les suçoirs
touchent un animal, les crochets sont immédiatement
enfoncés dans la chair, et, quelque glissante que soit
la peau de la victime, la pauvre créature doit infailliblement succomber.

Non moins extraordinaires sont les fils projectiles
d'un grand nombre de zoophytes, fils qu'on présume
devoir leur servir d'armes offensives. Il est peu de

personnes qui, ayant été passer une saison sur la
côte, n'aient eu l'occasion de voir des sertulaires,
c'est un *article* qui figure généralement dans les paniers de plantes marines. Quand on examine la tige
branchue de cette prétendue plante et que l'on considère son aspect *végétal,* il est difficile, en effet, d'y
voir autre chose qu'une algue vulgaire. Eh bien! cette
soi-disant plante a fourmillé autrefois d'êtres vivants.
Dans chacune des cellules qui étaient disposées de
distance en distance sur sa tige habitait un petit polype
extrêmement rapace. Mais comment, direz-vous, une
si infime créature pouvait-elle se procurer même la
plus maigre pitance? Examinez ces tentacules à l'aide
d'un microscope puissant, et ce secret vous sera expliqué. Ces organes sont couverts de verrues ou petites protubérances qui constituent l'artillerie de la
bête. Dans chacune de ces verrues, en effet, est em-
boîtée une capsule ovoïde contenant un fil élastique
d'une excessive ténuité, mais très-solide, roulé sur
lui-même et pouvant être projeté avec une grande
force.

« Ce fil est creux, dit M. Gosse, et lorsqu'il est projeté, la surface qui se trouvait être la surface interne
devient la surface externe ; or, comme cette surface,
dans beaucoup de cas (probablement même dans tous,
si nous pouvions en découvrir la structure), est armée
de barbes ou poils pourvus d'un subtil poison (ses
effets le prouvent), la flexible javeline se trouve être
une arme offensive formidable, capable de paralyser

l'énergie vitale des animaux dans les tissus desquels elle entre et d'en faire une proie facile. » Qui se serait jamais attendu à trouver un petit Cronstadt, un petit Gibraltar dans un simple polypier ? qui aurait jamais cru que chaque polype porté sur cette prétendue plante fût une forteresse vivante capable de lancer les plus' atroces projectiles du monde ?

Toutefois l'objet précis de ces dangereux filaments et le mode dont ils opèrent ont soulevé des discussions entre les naturalistes. M. Gosse a publié sur les mœurs de certaines anémones de mer des observations qui jettent une certaine lumière sur ce genre particulier d'attaque. Les habitués des côtes et les propriétaires de marais salants connaissent bien ces êtres *floriformes* et les belles couleurs qu'ils présentent lorsque leurs rameaux sont complètement étendus. L'anémone parasite s'attache généralement au dos d'un crabe, et naturellement voyage avec son coursier, quoique l'allure du bonhomme crustacé ne soit pas des plus vives. L'anémone en question est de sa personne un arsenal tout entier. Lorsqu'on la touche ou qu'on l'irrite, ouvrant immédiatement le feu de toutes les verrues qui hérissent son corps ou des batteries qui défendent sa bouche et ses tentacules, elle lance de toutes parts des fils semblables à des fils de coton blanc. Ceux-ci sont dardés en ligne droite à la distance de dix à quinze centimètres, mais ils ne sont pas nécessairement détachés du corps de leur propriétaire. M. Gosse en a vu rentrer dans leurs verrues.

Ils jouaient le rôle de harpons, et une fois l'effet produit, les cordes étaient tirées et enroulées de nouveau à leur place.

« Où réside, se demande notre naturaliste, cette force adhésive qu'ont sentie tous ceux qui ont manié un animal de cette espèce ? Sans doute dans les myriades de fils barbelés qui garnissent chaque filament. La force avec laquelle ces javelots sont projetés, leur élasticité, leur ténuité excessives leur permettent de pénétrer dans des tissus même d'une texture dense, et de s'y maintenir au moyen de leurs poils barbelés. »

M. Gosse avait dans son aquarium un beau petit labre, la vieille de mer (petite créature de cinq centimètres de long, que les savants, dans leur terrible langage, ont baptisée du nom de *crenilabrus cornubicus*). Dans le même pensionnat humide vivait une anémone parasite. Un jour, M. Gosse aperçut le pauvre poisson avec un filament fiché dans la bouche (l'innocente bête avait probablement touché par inadvertance la vivante batterie). Il paraissait en grande peine ; il allait et venait l'air en délire, puis se penchait sur le flanc et repartait bientôt comme pour nager. Le mal était fait cependant, et bien que la blessure fût à peine appréciable, le pauvre petit labre exhala son dernier souffle après une courte agonie.

Mais si l'observateur s'étonne de l'existence d'une pareille machine infernale, il faut qu'il se souvienne que, pour chacun de leurs propriétaires, ces instruments de mort sont des instruments de vie. Il ne

17.

nous appartient pas de toucher à ce terrible problème,
et d'agiter la question de savoir pourquoi la loi de la
destruction occupe une si large place dans les grands
statuts de la nature. L'étude de cette espèce de législa-
lation est trop profonde pour l'homme. Prenons donc
cette loi telle qu'elle est, et admettant comme un des
grands faits de notre planète que certains animaux
doivent périr pour que certains autres puissent vivre,
contentons-nous d'admirer l'intarissable source de vie
répandue sur notre globe, et qui fournit au plus insignifiant des zoophytes « son pain de chaque jour. »

Quelle idée se faire de cette sagesse infinie, descen-
dant en quelque sorte dans les profondeurs de l'Océan,
et créant ses merveilles au milieu d'êtres destinés à
vivre et à mourir dans des régions où la nuit règne et
que sonde rarement l'intelligence humaine! Si les
mortels avaient fait un monde, ils n'auraient jamais
songé à finir les créatures des ordres inférieurs avec
le même soin, le même poli que celles des ordres supé-
rieurs. Leurs éléphants auraient été assurément d'in-
telligentes bêtes, leurs lions de magnifiques quadrupèdes. Leurs papillons auraient été de charmants
jouets pour les enfants, et leurs chevaux de splendides
montures pour les hommes. Mais leurs coléoptères
auraient été pauvres, leurs araignées auraient tissé
des toiles bien grossières, leurs mollusques auraient
été dépourvus des moyens de se procurer leur nourriture ; les suçoirs de leurs astéries auraient été désor-
ganisés après avoir fonctionné deux heures, et leurs

polypes auraient été ou tout à fait négligés ou confiés à des mains novices, avec recommandation de les fabriquer au meilleur marché possible.

Quelle différence dans la réalité ! Nulle part, le moindre symptôme de hâte, la moindre diligence, la moindre imperfection dans le travail. Ces atomes vivants, invisibles souvent à l'œil nu, ont, sous le microscope, un galbe aussi élégant que si l'animalcule devait occuper dans la création le premier rang au lieu du dernier. Le professeur Forbes a bien raison de dire que « l'habileté du grand Architecte de la nature ne se montre pas moins dans la construction d'une de ces créatures que dans l'édification d'un monde. »

Si l'on s'arrête à la simple beauté d'aspect, les eaux ne cèdent point à la terre la palme de la grâce. L'Océan a ses papillons aussi bien que l'air. Des lampyres exécutent dans ses flots les rondes dont leurs représentants terrestres égayent les forêts tropicales. De petites lampes vivantes sont suspendues dans les vagues et lancent leurs rayons argentés d'urnes vitales qui se remplissent à mesure qu'elles se vident. La transparence de quelques-uns des habitants des eaux leur donne un aspect parfaitement féerique. Le globe béroë ou béroë globuleux (*cydippe pileus*) ressemble à une petite sphère du plus pur cristal, grosse à peu près comme une muscade. Il est pourvu de deux tentacules longues, minces et recourbées, dont chacune porte un certain nombre de filaments roulés en spirale le long d'un de ses côtés. Huit bandes traversent la surface de ce globe animé courant d'un pôle à l'autre, comme les méridiens sur un globe terrestre.

A ces bandes sont attachées une foule de petites lames qui servent d'aubes, car l'animal peut les faire mouvoir de manière à se pousser à travers les eaux et à marcher soit en droite ligne, soit, comme un bateau à vapeur, dans toutes les directions, ou bien encore à pivoter sur son axe et à plonger avec infiniment de grâce et de facilité. Mais sans nous appesantir sur la beauté du mécanisme, n'y a-t-il pas quelque chose de véritablement séduisant dans l'idée de créatures cristallines ? Concevez-vous des chevaux, des chiens, des chats diaphanes, à travers lesquels on pourrait voir distinctement circuler le sang et fonctionner les organes !

Chose encore plus étrange, l'amateur apprendra que les *vers* même, les vers qui habitent les côtes ou qui vivent dans le lit de l'Océan, sont quelquefois des modèles d'élégance, qui revêtent les couleurs les plus riches. Écoutons M. Gosse :

« Les vers sont intéressants à des titres nombreux ; l'un de ces titres est le riche assemblage de couleurs dont beaucoup d'entre eux sont parés. Les serpules et les sabelles étalent dans leurs radieuses couronnes d'organes respiratoires non-seulement les formes les plus exquises et le plus admirable agencement, mais souvent brillent des couleurs les plus éclatantes disposées en bandes ou en points alignés. La pectinaire porte sur la tête une paire de peignes qu'on dirait faits d'or bruni. Les phyllides sont nuancées de teintes vertes variées, quelquefois très-brillantes, rehaussées d'un bleu métallique semblable à celui de l'acier poli. Mais ce qui fait surtout leur gloire, ce sont les couleurs d'arc-en-ciel que reflètent beaucoup d'individus de cette classe ; car les corps d'un grand nombre d'eunicées et de néréides sont diaprés de couleurs changeantes du plus beau brillant, tandis que leurs surfaces inférieures ont les nuances plus douces de l'opale et de la perle. L'aphrodite ou chenille de mer, un des plus communs, comme aussi des plus gros, de nos vers, est couverte d'une épaisse fourrure de longs poils qui sont aussi resplendissants que le plumage de l'oiseau-mouche. » (*Marine Zoology*, p. 84.)

Peut-être y a-t-il plus de vérité que ne le soupçonnaient les anciens dans le mythe qui fait naître la déesse de la beauté de l'écume de la mer.

On a trop souvent fait du chasseur de cirrhipèdes et d'annélides un personnage ridicule, digne de la plume incisive de La Bruyère. On a toujours été disposé à le classer à côté de l'entomologiste que la mort d'une chenille favorite remplit de désespoir, ou de l'ornithologiste qui passe ses journées avec ses oiseaux « à verser du grain et à nettoyer des cages, et ses nuits à rêver qu'il mue ou qu'il couve des œufs. »

Aux yeux de certaines gens, la passion des polypes passera pour quelque chose d'aussi grossier, d'aussi trivial que la passion des scarabées et des hannetons. Mais quand on aura fait la connaissance des merveil-

leuses créatures elles-mêmes, on se pressera moins
de conclure d'une façon si dédaigneuse. Ceux qui se
sont souvent promenés sur la plage, en soupçonnant
peu les merveilles vivantes dont elle fourmille, chan-
geront d'avis quand ils apprendront que la plus mi-
croscopique de ces créatures a droit à elle seule à un
gros traité scientifique. A part les richesses qu'ils
ajoutent à la somme des connaissances humaines, les
hommes qui s'appliquent à nous faire connaître et admirer ce prodigieux petit monde rendent, suivant nous,
à la société un immense service moral. Ce sont des
espèces de prédicateurs qui trouvent des textes de ser-
mons dans le sable, des matières à homélie dans les
plus humbles infusoires, dans le plus menu coquillage,
dans chaque brin d'herbe de l'Océan, et grâce à eux
nous pouvons dire des abîmes des mers comme de la
voûte du firmament : *Enarrant gloriam Dei.*

FIN.

TABLE DES MATIÈRES

2769. — ABBEVILLE. — TYP. ET STÉR. A. RETAUX.

ITINÉRAIRE

DE

PARIS A JÉRUSALEM

ET DE

JÉRUSALEM A PARIS

PAR CHATEAUBRIAND

NOUVELLE ÉDITION

PARIS	ABBEVILLE
BRAY ET RETAUX	GUSTAVE RETAUX
LIBRAIRES-ÉDITEURS	IMPRIMEUR-ÉDITEUR

www.ingramcontent.com/pod-product-compliance
Lightning Source LLC
Chambersburg PA
CBHW060426200326

41518CB00009B/1507